Robot Futures
机器人与未来

［美］I·R·诺巴克什（Illah Reza Nourbakhsh）著

刘锦涛 李 静 译

西安交通大学出版社
Xi'an Jiaotong University Press

Robot Futures/Illah Reza Nourbakhsh
ISBN:978 - 0 - 262 - 01862 - 3

本书中文简体字版由美国 MIT 出版社授权西安交通大学出版社独家出版发行并
限在中国大陆地区销售。未经出版者预先书面许可,不得以任何方式复制或发行
本书的任何部分。

陕西省版权局著作权合同登记号:25 - 2014 - 061

图书在版编目(CIP)数据

机器人与未来/(美)诺巴克什(Nourbakhsh,I.R.)著;
刘锦涛,李静译. —西安:西安交通大学出版社,2015.10
　书名原文:Robot Futures
　ISBN 978 - 7 - 5605 - 7857 - 6

　Ⅰ.①机… Ⅱ.①诺… ②刘… ③李… Ⅲ.①机器人-
基本知识 Ⅳ.①TP242

中国版本图书馆 CIP 数据核字(2015)第 206123 号

书　　名	机器人与未来	
著　　者	〔美〕I・R・诺巴克什	
译　　者	刘锦涛　李　静	
责任编辑	李　颖	

出版发行　西安交通大学出版社
　　　　　(西安市兴庆南路 10 号　邮政编码 710049)
网　　址　http://www.xjtupress.com
电　　话　(029)82668357　82667874(发行中心)
　　　　　(029)82668315(总编办)
传　　真　(029)82668280
印　　刷　陕西宝石兰印务有限责任公司

开　　本　850mm×1 168mm　1/32　印张 5.5　字数 89 千字
版次印次　2015 年 11 月第 1 版　　2015 年 11 月第 1 次印刷
书　　号　ISBN 978 - 7 - 5605 - 7857 - 6/TP・696
定　　价　38.00 元

读者购书、书店添货、如发现印装质量问题,请与本社发行中心联系、调换。
订购热线:(029)82665248　(029)82665249
投稿热线:(029)82665397
读者信箱:banquan1809@126.com

To Marti, Mitra and Nikou: you illuminate my life.

译者序

欢迎来到未来机器人的世界，在这里一些关于机器人及未来的传统认识将被颠覆。

创造机器人曾是我们儿时的梦想，从敲打简陋的铁皮机器人，到憧憬科幻小电影里的超酷机器人，都体现着我们对于机器人时代的向往。近年来，随着科技的进步，机械、电子、计算机、自动化等传统学科及产业的成熟、交叉、融合，为机器人时代的到来奠定了基础。机器人从此不再是实验室和工厂的专属，而是逐渐走入人们生活的方方面面。它们形态各异，或人形、或车型；它们智商不一，或机智、或呆萌。它们现在的外貌跟我们之前科幻作品中想象中的机器人大相径庭，有的甚至干脆也不叫机器人（如无人车、无人机、机器狗），有的甚至根本就感觉不到它们的存在（如网络机器人）。而这种多样性则展示了机器人技术对我们生活的渗透力，其影响之深远将不亚于之前计算机和互联网。

机器人之所以能够展示出如此巨大的潜力与魅力，是因为它天然的半机械半数字属性，并且随着技术的进步，最终将在机械上超越人类的身体，在数字上超越人类的头脑。如果未来机器人真的具有（或部分具有）超人类的能力，那接下来的问题是——当然不是机器人和人类谁统治谁那么简单的问题——在一个充斥着机器人的世界里，我们人类的生活将会遭受哪些改变，我们最终将如何重新定义我们和机器人彼此的身份？

为回答这个问题，《机器人与未来》在书中每一章讲述了一种机器人可能的未来，首先通过一个未来发生的机器人故事开题，让读者产生身临其境的体验感并引发思考，随后则针对这一类机器人技术的背景及其深远影响展开论述。然而，本书所关注的主题却不是技术本身，而是技术在解决一个问题时，是如何像用新药治病一样同时给人类带来新的副作用。这些副作用，影响的不仅仅是个人的生活和行为方式，而将会影响到人类的社会与文化。

作者 Illah Nourbakhsh 是卡内基·梅隆大学机器人学教授，前美国航空航天局埃姆斯研究中心机器人项目的负责人，他不仅是一位机器人专家，还最早开设了机器人伦理学（roboethics）课程。Nourbakhsh 这种以社会学的角度来审视机器人技术的发展和影响是前所未有的，此书则是他思考和洞见的结晶。当我在 2013 年读到了这本书时，就被他独特的视角所吸引，以至于我还没有完全读完，就兴冲冲地把这本书推荐给了李颖编辑及其他朋友，随后得到了大家热情的支持。但在随后的翻译过程中发现此书的难度远超越了当初的想象，书中涉及大量社会学甚至哲学的词汇。例如康德人权理论中不可剥夺的权利（unalienable right）、用奴隶的代理人（agency）特性来类比机器人、技术赋权和失去被赋予的权力（empowerment、disempowerment）、非人性化/使人失去人性（dehumanizing）等等，诸如此类术语很难找对合适的中文词汇，以至于我不得不跑去请教哲学老师，在此感谢张勇教授！如果文中有其他不当之处，或是批评建议，欢迎发邮件至 liu_jintao@126.com 讨论。

本书是易科机器人小组共同劳动的结果，其中杨维保翻译了第 1 章，佘元博翻译了第 2 章前半部分，刘富强翻译了第 5 章，李静翻译了第 6 章。最后由刘锦涛和李静对全书进行了两次通稿和润色。感谢李颖编辑在策划及翻译期间的热情鼓励，以及最后耐心细致的审阅。感谢舒成为本书绘制了萌萌哒的机器人 logo，以及刘芫芳、安高锋等所提出的宝贵建议。

更多关于 Nourbakhsh 教授对于机器人未来的观点以及更多互动，欢迎访问本书博客地址：http://books.exbot.net/robotfutures。

刘锦涛

2015 年 9 月 29 日青岛

致 谢

$\vee$

在我的生活中有很多人扮演了重要的角色,他们激发我的好奇心、给予我知识、培养我的思维习惯、塑造了我的智力特性。我深深感谢所有这些人,尽管不是某一位特定的导师,但没有他们,或许我永远也不会成为一名机器人学家。斯坦福大学教授 Michael Genesereth 向我介绍了人工智能和机器人,然后鼓励我参加他的研究小组。是他说服我改变毕业后工作的计划,继续大学学业,并加入斯坦福大学的博士课程学习。也是他教导我学术上严谨和思维上清晰,注重对社会的影响,这一切改变了我的人生。

我的同行,朋友和家人都读过本书的早期版本,并提供了宝贵的指导意见。是他们塑造了这本书的风格和基本内容,其中有 Mark Bauman, Nonie Heystek, Steve Ketchpel, Ben Louw, Tom Lauwers, Marti Louw, Matt Mason, Ofer Matan, Farhad Noorbakhsh, Alex Norbash, P. W. Singer 和 Holly Yanco。不仅 Mark Bauman 和 P. W. Singer 通过早期评论为本书增色不少,还有 Fatemeh Zarghami

和我的母亲，他们是我的榜样！他们树立了一个人如何为积极的社会变革而进行教育、沟通、公布（inform）的黄金标准。

麻省理工学院出版社的 Jim DeWolff 给予了这本书积极而热情的支持，耐心并高度透明地完成了出版流程。他的努力，以及出版社愿意出版这样一本批判科技及其衍生物的书，体现了他们的承诺：向公众传播各种类型的见解。

一个机器人学教授的大部分时间通常都要耗费在教学、科研以及筹款上——以至于我无法想象，能够正常地找到时间和地方，去安静地写一本书。卡内基·梅隆大学机器人研究所给了我一次休假的机会，让我可以卸下大学的责任，前往一个遥远的地方，这使我有了一些时间和空间。在旅途的另一端，由 Alan Winfield 教授所领导的西英格兰大学的科学传播组，他们热情地邀请我和我的妻子 Marti Louw 双双去度假。在布里斯托尔逗留期间，为我们在一个双休假里提供了一个温暖且富有激励的科研合作环境。最后，有一个人为我的日常写作创造了最为重要的空间，是她作为我最亲密的思想伙伴评价并调整本书中的观点——她就是 Marti Louw。她在科学传播方面的专业知识，以及从事机器人技术的社会影响，使得她成为理想的合作者。

在本书中，我描述了一些我曾从事的项目。所用的第一人称叙述听起来似乎是我的发明并一手建立这些新的系统，但实际并非如此。CREATE 实验室的 30 名成员——研究人员、教育工作者、管理人员以及学生，他们才是这每一个项目背后真正的推动力。他们有着奉献精神、能够换位思考、具有创造性并熟知技术细节,正是与他们一起并肩工作才使得变革社会的大胆科技创意成为现实。

本书封面设计的说明

本书的封面设计中有 41 个不同版本的蓝色(见第 1 章)。为绘制这些不同的颜色,作者走访了位于法国茹瓦尼(Joigny)的 Couleurs Leroux 工厂。在那里,原始的颜料和油料由手工打造成艺术级品质的油彩。来自 Leroux 的六种基本蓝色颜料——普鲁士蓝色(bleu de Prusse)、群青(outremer)、浅蓝(coeruleum)、酞菁蓝(bleu cyanine)、靛色(indigo)、钴蓝(bleu de cobalt),它们与钛白按照不同比例混和得到了这 41 种颜色。非常感谢 Leroux 及艺术家 Francisca de Beurges Rosenthal 的专业指导!

前　言

　　1977 年，当我跟随父母走入影院观看《星球大战》的首映时，不知道将会发生什么。其实我们到这儿来的真正原因是《赫比去蒙特卡洛》的票卖完了，但两个小时后，我被完全改变了，脑海中深深地印刻了 C-3PO 以及 R2-D2，那人群中的机器人的形象。这便是我对机器人产生情愫的开始，这也是我们这个年龄、整整一代机器人研究者是如何将毕生精力投身于这一事业的开端。在过去二十年间，我致力于机器人研究。同样在此领域，全球有数以千计的研究小组，他们一直在致力于让科幻小说中所期望的机器人变成现实中的商业机器人。

　　我个人的职业生涯横跨许多不同形式的机器人创新，这在机器人学这样一个跨学科领域很常见。我曾致力于提升机器人的基本能力——创新的三维视觉系统、创新的不会迷路的室内导航策略（Nourbakhsh et al. 1997；Nourbakhsh，Powers，and Birchfield 1995）。我参与开发的机器人业已部署在全球各地。比如，卡内基自然历史博物馆里七英尺高的导游机器人,它引领游客游览恐龙大厅,并已工作了四年之久(Nourbakhsh et al. 1999);几个微型可编程的火星探测器,现在安装在美国国家航空航天博物馆;还有Exploratorium和日本世博会的机器人(Nourbakhsh et al. 2006)。但最重要的是我将新的机器人技术应用于互动装置中,将机器人的力量融入到新产品中——单弹簧高跷,可将骑手发射至高数米的空中(Brown et al. 2003);视觉系统,可使艺术家的作品对观众做出反应(Rowe, Rosenberg, and Nourbakhsh 2002);全景机器人,可将普通的相机变成十亿像素的记录工具(Nourbakhsh et al. 2010);消息传递系统,帮助幼儿园小朋友保持与他们父母之间的联系;智能电动车,当地机械师使用旧的汽车零件便可改装(Brown et al. 2012);机器人制作工具,帮助中学生使用工艺材料制作和编程任意一个机器人(Hamner et al. 2008)。

机器人技术之所以显得不可思议,是因为它的变革性,它使我们平常使用的产品变得能看到我们、听懂我们、响应我们的需求。机器人技术将我们周边的产品变得更有知觉、更富生命力。这一趋势将在未来十年里将以惊人的速度加速发展。这是因为机器人学的抱负已不再局限于仅仅是惟妙惟肖地模仿我们走路、说话。机器人已经长大了,已经跳出了这个框架。

现代机器人学致力于研究如何让一个机器感知世界、理解周围环境,并采取行动改变世界。但你绝不要去问一个机器人专家什么是机器人,因为答案变化太快了。当研究人员刚刚结束辩论什么是机器人、什么不是机器人时,马上又会产生全新的互动技术并将这个边界向前推移。

现代机器人有一个特殊品质,这与世界的变化趋势密切相关:机器人作为一种新的有生命的粘合剂,联系着我们的物质世界与我们所创造的数字世界。机器人有物理传感器和电机,它们可以在现实世界中运行,就像所有软件程序可以很好地在互联网上运行一样,它们将融入到我们的物质世界中——人行道、卧室、公园。而且得益于人工智能(AI),机器人也将会拥有自己的意识。机器人已经完全接入数字世界,相比人类之所能,它们能更好地浏览、分享信息并融入网络世界。我们其实已经创造了一种新的物种,它半物质半数字,并最终同样在这两个世界均具有超人类的能力。但接下来的问题是,我们将如何与这些新的物种共享我们的世界,以及在这种新的生态下如何重新定义我们的身份、如何修改我们的行为方式?

机器人技术已经成为连接我们身边物质和数字世界的有生命的粘合剂。装备有光学视觉的大型军用机器狗可以利用互联网识别它所看到的一切物体,并在森林中奔跑。智能手机使用内置的陀螺仪和加速度计可以推测出你正在做什么,在户外可使用 GPS 卫星网络绘制出你的路径,在室内也可以用海量在线库中共享位置的无线天线来定位。当你在 iPhone 上问 Siri 一个问题时,你的 iPhone 会将你的声音打包并发至网上,然后在数字世界里的强大的共享服务器会制定一个回答并传回,就这样你的问题数字化后已来回旅行了数千千米。iPhone的大脑不单是你手上所持有的设备,而是整个数字领域。微型飞行机器人可以围绕一个建筑物飞行,找到一个开放的窗口,迅速进入并栖息在窗台上。它们实时地构建室内和室外的地图,这些地图可以立即在线发布,因此与机器人相关的经验将不再是个体的或转瞬即逝的,它们会在瞬间打包、发布并理解。

为理解机器人技术将如何改变我们,首先需要理解机器人技术研究和创新中的关键领域。我们可以从人类自身来寻找灵感,所以机器人研究者问的第一个问题会是——是什么让人类拥有智能?我们认为人类的智能是一种具有生命性及互动性的特质,它植根于我们所活动的现实环境。因此智能取决于两个因素——与我们的环境有意义的连接,以及根据所处的环境进行内部决策以采取行动的技能。与环境的连接是双向的,我们将输入称为**感知**(perception),向世界的输出称为**行动**(action),将对世界的感知转化为有意识的行动的内部决策称为**认知**(cognition)。

感知是使用传感器收集关于世界的信息并进行解释的能力,传感器有数字摄像机、声纳测距仪、雷达、光传感器、人工皮肤等。互联网上的感知是相对容易的,因为所有的东西都是数字化的,易于建立在线传感器,信号也容易解释。一个在线人工智能玩视频游戏的水平可与人类玩家相当,因为它在线就能看到人类之所见。但是机器人若想感知现实世界,像我们那样感受出一个有力的握手,识别出面孔、动物纹理以及一个转瞬即逝的微笑,这意味着要再造我们卓越的身体和视觉处理系统。

行动就是改变世界的力量。几十年来，机器人已经在限定的环境下，如汽车装配线，卓有成效地开展了行动。历史上的机器人装备有强大电机，又硬、又重，但灵活性不足。汽车组装厂焊接机器人每天数以千次做着高速、精确地、同一个复杂动作，上述所有工作都是在一个钢笼里进行。那里是人类的禁地，因为机器人会不假思索地一下而置人于死地。但是机器人若要在我们人类社会里行动，则意味着要从工厂限定的厂房里进入一个动态的、不可预知的且生活着我们家人的世界里。社会化的机器人追求的不再是速度和力量，而是灵活性、柔软性和温柔的触碰。这就促使了研究人员发明新型内置弹簧的电机以及新的控制系统来推购物车或拧开一罐蜂蜜。

认知是推理及决策下一步要做什么的能力。认知接近于传统 AI“像人类那样思考”的梦想：如果一个机器人能够通过感知来感觉世界，并通过行动来改变世界，那么认知就是下一步要做什么的决策，它是连接感知到行动的粘合剂。就像我们的大脑使用五种感官来获取信息，然后决定下一步的行动，并通过反射和思考将我们的感官与肌肉连接起来。在认知领域，机器人不同于自然界所有动物的工作方式，动物必须用自己的大脑独立做出决定，而机器人已经天然地接入了数码世界，在这个无实体的世界有着海量的数据和超人的处理能力。每一个机器人做决策时，可以通过共享网络了解它的机器人兄弟们所遇到的一切事情。甚至决策过程本身也可以交给外部进行,机器人可以使用强大的在线计算服务,这样可以保持自身电路的轻便和低功耗。

从认知的角度来看,我们在路上遇到的机器人可能会比所有的动物更不可知,我们将无法区分它是《星际迷航》里的博格人(Borg)还是家酿机器人(homebrew'bot)。它是一个由共享经验和知识库增强的、大规模在线智能的一个实体的爪牙?还是邻家聪明的青春期孩子用计算机编程并控制的四轮机器人?

感知、认知、行动——代表了机器人研究探索的三大核心领域。研究人员的进展速度并不够理想,也没有马上成功地模仿出人类的多种能力。甚至可以说,我们的研究前沿是粗陋的,虽然在某些特定方面已经超过人类的能力,但在更多其他的方面,所有寻求进步的努力似乎都遭到了阻挡。我们其实并不是走在通往人工人类的大路上,而是走向了一个由亚人类(subhuman)和超人类(superhuman)两类品质杂揉在一起而形成的机械物种所组成的奇怪部落,这不仅仅是我们后代所要面对的未来,也是不久后我们即将所要面对的未来。

新的研究正以更快的速度取得重大创新,更重要的是,从工程学的角度来说,人类层面的能力将不再是一个特殊的终点。就"行动"而言,研究人员已经建造了走下坡路时零能量消耗的步行机器人。用不了多久,这些机器人走起路来将比人类更高效。机器人将攀越约塞米蒂山谷的埃尔卡皮坦悬崖,并且没有一个人类的攀岩者能与之相匹敌。

卡内基·梅隆大学在一个项目里发明了一种新材料,可以像壁虎的脚那样吸附在墙壁上,他们的原型机器人可以毫不费力地爬到墙上,不久后,还可以爬在天花板上(Murphy, Kim, and Sitti 2009)。在"感知"方面,机器人将能够获取更多的细节信息,它们不仅能看到我们的眼睛所能见的可见光,而且还能看到昆虫和鸟类所能探测到的光信号;它们将能够检测更远处、更细微的运动;有一天它们在黑暗中会比斑点猫头鹰看得更清楚、比蝙蝠导航得更准确。

　　一个机器人在街上活动时,不是像人类那样只能朝前看,而是能看到所有的方向。如果这个机器人连接到大街上的摄像机网络,那么在整个过程中,它都能从各个角度看清大街的各个角落。想象一下这样一个场景,一个走在街上的机器人虽然不怎么聪明,但可以读取整个街道的合成视景——包括你的后方、整条小巷、转角附近、上上下下所有地方——并能够以完美的保真度进行时间回放。当你接近这个机器人时,它的认知能力可能远不如你,但它比你知道更多关于环境的情况。它突然停住了,你该怎么办?除了你和它占据着相同的人行道这一事实外,这个机器人和你没有任何共识(common ground)。赫伯特·克拉克就交流中的共识升级(grounding)提出了一个很好的参考概念,这一概念解释了即便是陌生人、即便是短短几句话,但依靠共同背景的信仰、假设以及群体经验能够赋予他们所交流的语言以意义,从而进行富有成效的、社会化的互动(Clark 1996;Clark and Brennan 1991)。而一个全新的机器人物种与我们少有共同的信仰或经验,所以有效沟通的基础将完全丧失。另外,在某些维度上,这些机器人将比人类掌握更多的知识。

可以确定的一点是,人类将在一些方面逊于机器人。毕竟电脑执行一些特定任务的能力,如计算、拼写和计时,就已经比人类强了,但这非常重要吗? 毕竟,这一切只是计算能力的具体表现,不意味着机器人能写出我们想读的书,或是与机器人的谈话能让我们获得情感上的满足。但是机器人将会分享我们的物质、社会和文化空间。最终,我们将需要阅读它们所写的东西,不得不与它们开展业务,会常常通过它们来调解我们的友谊。我们甚至要在体育运动、就业和商业中与它们竞争。这些将如何改变我们?

我不是一名社会科学家,但是作为一名机器人专家,我可以预测未来在感知、行动、认知领域所可能取得的突破。通过这些预测,我可以描绘出一些画面,展示在不受人类控制的环境中,这些进步所带来的新的机器人体验,以及这些体验可能会如何改变我们在社会中的行为方式。在本书的每一章都设想了一个更为遥远的机器人的未来,那时机器人的基础技术得到了进步,并产生了我们和机器人在同一世界共同生活的新方式。每一章节中所详述的不是技术,而是每个可能的未来是如何像新的药物一样给人类带来新的副作用。并且其主要的副作用,超越了个人、影响到了人类活动,并最终会波及我们的文化。

非专业读者可能还需要一些对于即将到来的技术创新

的介绍,他们将会把机器人从实验室的样机变成消费产品。第2章"机器人雾霾"中有个"未来机器人入门"的介绍,我希望可以提供足够的技术背景和细节,以展开对2030年先驱机器人的想象!

关于描绘机器人将会在我们的生活中扮演什么角色,今天大多数非专业人士他们没有发言权。我们所看到的是一个由研究机构和商业利益团体实时编写的新版星球大战剧本,只不过这个剧本在未来会变成现实。机器人技术将融入我们身边的产品,日常的设备将变得更敏锐、更主动、互动性更强。全新的机器人物种将会和我们同享所有空间,公共和私人的、物质和数字的。

机器人在未来将会挑战我们的隐私观念,它将重新定义我们对于人类自主和自由意志的假设。当我们面对更多的智能机器人时,我们将会发现新的身份形式和机器智能。我们的道德观念会受到机器人的残忍及机器人-人类关系的考验。由于机器人的代理,我们感受物质空间及触及的范围将扩大,就像我们个人的自我意识将被稀释到一个更广、更浅的数字-物质领域。本书想象机器人进化中连续的里程碑,这样我们可以进行设想、讨论、为改变做准备,以此我们可以影响机器人的未来如何展开。

注:我将跟踪并在博客上撰写主要的、与本书相关的机器人技术的进展。本书博客地址:http://robotfutures. org。

目　录

1 新庸人统治

2030 年 8 月,阿肯色州,费耶特维尔,家具王国公司总部,董事长办公室

"积压了一千万个带个人遮阳伞的劣质塑料椅子,你不 P.1
是在开玩笑吧? 它们并不都像这个一样,都是蓝色的,对
吗?"

"是的,都是蓝色的,是蓝宝石游泳池配件供应线的一
部分,椅子上的法兰孔用于支撑遮阳伞。没有伞,椅子就卖
不出去,反之亦然。共有一千万套。"

"我们在库存上得花多少钱?"

"一个月三万。雨伞是垃圾面料,如果今年卖不出去,我们就会亏本。"

"好了,只能卖了它们。为什么把这个难题给我,给董事会层?"

"因为广告机器人(adbot)问询了人们并掌握了消费生态系统的情况,并声称这五个城市可以消化掉一千万套椅子。我们可以从所有网购者中得到 10% 的转化率,还可以从其他应用移动互动媒体的人中得到其余 3% 的人。只需要 4 周病毒式传播,但是看看在这个住宅区发生了什么——这是个典型案例。一旦一个家庭买一套这样的椅子,当他们坐下来环顾四周,一周内会在五个邻居的花园里看到五套相同的椅子。围墙太低了挡不住该死的遮阳伞。这样的情况发生在每一个目标区域。我们那时认为这会使人感到奇怪,也许会引起强烈不满。"

"这就是伞的分布密度图? 为什么这么不平均?"

"这很有意思,我们调查过了。你还记得一年前发生在波兰的防晒乳液成功营销的策略吗 ?"

"然后呢?"

"那是一次广告机器人通过社交网络做口碑营销的实验。我们的防晒霜积压了,机器人找到了一个很好的销售途径——它在学校网络里反复强化人们对于癌症的恐惧。对每位老师进行日晒致皮肤癌的定制营销,然后班上孩子的父母通过口口相传从老师那儿了解到这种产品。这些社区对医疗体系——政府医疗保健问题高度关注,当地教育真是帮忙提供了一个完美的解决办法。在波兰阴郁多云的十二月份,我们获得了巨大的顾客转化率。真是太棒了,总之广告机器人可以对相同的教师群体采用相同的策略——遮阳伞防皮肤癌。"

"你试试把营销范围扩大到更多的学校社区和城市,是不是能卖出更多的伞?"

"如果增加六个主要区域,我们基本上能做到一个邻居一把伞,但是随后利润率会从65%下降到45%。这就损失了两千万美元。"

"如果广告机器人把营销放在其邻居没有购买伞的人身上呢?"

"那样做行得通。我们的宣传范围会均匀分布,但这需要十周的时间,电脑在对更多老师进行宣传及获取反馈之前要跟踪单个用户的决定。"

"好吧,你考虑过 drive-by 吗?我的意思是,如果我们投入十万块钱,并且慢慢来做,我们可以在每个街区都卖出一把伞。当你驾车路过这些社区时,会看到各个街区都有一家会有相同的伞吗,还是伞可以藏在房子后面?人们会发现其中相同的模式吗?"

"我们试过了。80%藏在房前,这样的营销模式不会被发现的。"

"很好。就以两个月为限,让广告机器人在前五个城市的每个街区都卖出一把伞。你解雇了那个销售员没有?是他把这一堆无用的垃圾丢给了我们。"

"他不干了。他是故意这么做的，一周后他就辞职了。在方案获得批准后，货物交付前，这种事情不会再发生了，我们用一个机器人替换了他。"

＊ ＊ ＊ ＊ ＊ ＊

在商业中，一旦某个公司找到商品品质与消费者需求之间的最佳匹配点，成功的硕果也就不远了。历来只有两种方法来缩小品质和需求之间的差距：改变你所提供的商品，使之符合客户的需求；或找到一种方法来改变顾客的需求，使之所求即为你所提供的商品。无论哪种方式，企业都需要深刻洞察人的需求，所以消费者数据收集一直是商业实践中的一个重要部分。今天，互联网和基于手机的自动市场调查提供了关于民意的汇总数据，这些数据使市场开发和销售决策人员了解到应该向消费者做出的承诺和应该生产的产品。

但汇总数据并不总是准确的，因为它们只是取自一小部分样本，充其量只对人群按统计学和类别进行区别。为了更准确地了解人类行为和需求，公司通过亲自召开专题调研会（focus group）并进行消费者行为分析来深入观察、跟踪及衡量具有代表性的个体消费者。这一战略提供了更精细的细节，但扩大范围的代价却很昂贵，并且使数据收集局限在了一个较窄的范围：你一定希望从少数人身上得出的结论能适用于整个市场。

有时候改变消费者要比改变产品的成本更低。为此，企业不仅研究人，而且还使用复杂的营销技巧来改变人们的观念。公开的地域化的广告是一种直接改变消费需求的工具，并且诸如在电影和视频游戏中投放广告这类更加微妙的活动完全能够影响人们的需求。

尤其在数字领域，市场和营销的效果已经取得了全新的高度。企业已经发现了完美的方法来说服消费者参与到新的网络世界，再将他们的情感与其中的价值观、社交网络和虚拟产品捆绑在一起。人们掏真金白银购买 Zynga 公司《乡村度假》游戏中的奶牛；还会有数以千计的人甚至花上1000 多美元在 BigPoint 公司《黑暗轨迹》的游戏中购买虚拟机器人武器。

然而出现的问题是，数字世界给传统企业带来好处太多了，他们发现了完美的游戏场，在那里他们可以创造新的世界、人物、产品，且无需重新装备工厂。他们现在认识到跟踪客户所有行为会带来不可思议的利润。毕竟，在虚拟世界中跟踪、衡量和识别的客户忠诚度和个体特征既方便又便宜。就如同一种新毒品，数字世界已经成功地使企业嗜上完全的信息和完全的控制。而自然增长策略将他们新发现的力量扩展至更大的市场：现实世界中的每个人。

这就是加入机器人技术的原因：它们弥合了数字与物理世界间的鸿沟，使大规模信息收集和控制充满现实世界。　P.5
前面家具王国公司总部的短文设想了未来计算机系统针对特定人群发起和实验多种营销活动，以获取从广告到销售

的最好转化率。今天人类的营销执行主管们已经这样做了,但不同的是,计算机能同时对数以百万的顾客进行实验,并会很专业地发现卓有成效的策略,这些策略可能会唤起人们无法想象的购买欲,即便是那些不合时宜、没人真正需要的个人遮阳伞椅子。

识别和塑造消费购物欲望要先观察消费者的行为,但在物理世界中大规模的行为跟踪一直以来既耗时又费钱。为了跟踪一个家庭所选择的电视频道,尼尔森公司设计制造了一套仪表并安装在选定的家庭中,这就意味着要用一个电视观众的小样本来代表每个人观看电视节目的习惯。为了了解购物者的行为,拥有巨额营销预算的商店聘请流量分析的专业机构,来研究并可视化客户流量、地图热点分布和停留时间——购物者注视并摆弄商品花费的时间。

相比而言,互联网所提供的狭窄的、数字化的窗口大大降低了跟踪人类行为的成本:每个网站收集关于访问者来自哪里、如何通过网站导航、何时及如何离开等详细信息。网络分析研究如何获取并分析人类在互联网上的行为:网站上的哪些链接最常用到、哪些搜索词以什么频率产生销售量、最好的客户拥有什么样的计算机型号、他们更喜欢哪个网络浏览器?这些问题的答案是未来利润增长点的强大动力,以至企业每年在网络分析上花费超过 7 亿美元。

P.6　　因为互联网上的流量巨大并且从网站访问者身上获取更多信息的增量成本很小,网络分析面临着需要对海量数据进行理解的巨大挑战,而这些挑战是任何专题调研组的调研员所未曾遇到过的。分析可能产生数亿个数据点,这庞大的数据已远远超出了人类直觉感知的理解范围。因此,结合存储大量相关网络行为的大数据的能力,研究人员已经开发出强大的**数据挖掘**工具,统计评估不同类型和来源的数据之间的相关性,并揭示隐藏在其中的模式和关系。这些模式进而用于预测人类行为,甚至是隐藏在其中的动机。早期数据挖掘的先驱是由国防部和美国疾病控制中心资助的。整个城市在药店消费习惯的变化可能会确定下一个流行病;不寻常的采购模式可以有助于发现潜在的恐怖分子。

但是,数据挖掘竟是如此富有成效,它所能挖掘出的远不止超级细菌和炸弹制造者。网站访客人口统计资料、网页搜索历史、当前事件与从访客到利润的转换之间的关联性产生了大量的信息。得益于这些统计数字分析器,这些信息成为商业决策中可操作的情报。公司基于这些数据做出的市场营销改进,比如登录页面的优化,都是为了**转化率的最大化**:如何尽可能全面地使在线访客互联网体验转化为公司利益?

网站的简单变化就可以在盈利上产生神奇的效果,可增加数百万美元的销售记录,比如:主动向每一个阅读电动车评论的人推销电动割草机;给每一个下载素食食谱的人提供帆布鞋的优惠券;已经下了两天的连绵暴雨预测将持续一周,则雨伞涨价但承诺次日免费送货。

除了现在每个公司用以更好地了解顾客的总消费者数

据外,在 2001 年一些公司开始创造新技术,这可以比过去更真实地观察个人网络用户的行为。其中之一的先驱者,Vividence,设计出了一种仪表化的浏览器,可以捕获到每一次与滚动轮位置和浏览器快照相对应的鼠标和键盘输入信息。其商业模型很简单:分析公司招募数以万计的志愿者,这些志愿者同意使用这种仪表化的浏览器来改善他们的网络体验。这意味着,每一次鼠标点击,每一次键盘敲击,连同每一位用户的人口学背景以及购物前、购物时、购物后出现在网上的位置信息都会被记录下来。下一步,分析公司出售他们的服务给想要知道如何提升转化率的大型企业。

志愿者们被派往公司网站订购旅行票,他们在网上所体验的每个细节都会被记录下来,从页面的滚动到填写网页表单、点击进入和退出公司网站、以及在网上进行其他行为的速度都被记录在案。网络的数字特性大大降低了记录每位志愿者网上购物的精确行为的成本,其生成的信息宝库能够帮助公司生成最有利可图的用户体验。它只需要采集海量数据,然后进行强大的数据挖掘。如今,一些公司如Keynote 给网页或移动手机产品提供了此类的监控和体验测试设备作为转钥系统。

这种自愿的仪表化手段已经不仅仅局限于互联网。纵观现实世界,可以看到一些以贵宾优惠卡形式进行购物体验的例子。通过创建优惠福利,如加油卡或打折卡,公司说服较大比例的客户使用唯一的身份卡,这样就能确保顾客在之后的几个月或几年间无论是现金问题还是刷卡消费的购物情况都会被完整地记录在案。对这些消费者购物记录进行数据挖掘,得出的市场发现甚至能够引发店内布局的革新。一个特别生动有趣的都市传说仍然流行于市场营销和销售的讲座:从下午5:00至晚上7:00期间的啤酒与尿片销售统计数据的关联性表明,在尿片销售过道里摆放啤酒,会诱惑新生儿父亲在下午紧急奔波购买尿片时在过道出口处冲动性地购买些啤酒(Power 2002)。

然而,隐私问题怎么办?由于贵宾优惠卡的默认选择,我们都完全自愿地为节省话费而放弃隐私。但并不是所有隐私的丧失都是可选择的。网上购物网站甚至可以在没有得到明确许可的情况下搜集每位消费者的资料:网站点击行为、购买习惯、进入购买页面的搜索条目、地理位置信息,以及计算机的信息都是随手可得的。为阻止这种形式的数据搜集,客户需要特殊的匿名软件来隐藏其计算机信息。互联网上仅有一小部分用户在这样做,比例尚不足四百分之一。在现代社会,保护隐私既需要具备高水平的技术素养,也需要心甘情愿地接受经济上损失,或者说要比其他消费者多花费金钱。

由于机器人传感技术的重大突破,价格与隐私的博弈现状很可能会发生更快速的变化。设想一下,一个公司一直以来都致力于探求如何将各地所有的潜在客户最大可能地转化为实际客户。那么它所面临的第一个挑战就是这所有的潜在客户不仅仅只局限于登陆该公司的互联网页面。因此,要真正做到利益最大化,公司需要动用所有在网页上

P.9

能有效运作的数据分析和挖掘工具,并且将它们扩展到公司所能想象到的每一个可能产生互动相关的领域。机器人感知技术将会推动这一变革。登陆页面的优化将打破互联网局限并发展为**交互优化**。与各地用户一起,公司会将分析引擎运用到所有可能与人产生互动的领域:网络、私家车里、超市过道、人行道上,当然还有你的家中。

优化所有的由消费拉动的交互作用听起来非常困难。为了找到适合每一种情况的完美触发器,公司可能不得不尝试数百万种策略,不断寻找所能考虑到的情况下,能吸引并将接触转化成销售的最佳方法。尽管如此大规模的试验在当今物理世界无法实现,但在数字世界却已司空见惯。在基于 Web 的 A/B 对比测试中,企业创造出互相对立的网站设计,然后为不同的网购顾客选择不同的设计方案。随着时间的推移,系统会聚集成千上万的对方案 A 和方案 B 的访问,而所有这些搜集来的汇总数据会使得盈利能力分析成为现实。

在多变量测试中,更复杂的数据挖掘使公司能够一次对网站做出多种改变,设计、生成、运行试验,可以同时验证哪款广告、何种措辞、什么字体、甚至哪种颜色能够使利益最大化。即便是当今非常成功的网站也在做这件事,将99%的流量转到一个经过验证的设计上,也要冒一定风险将1%的流量用于尝试新变化,为的是不断地在顾客群中尝试寻求从访问量到美元的更大转化率。当 Google 在为导航栏选择恰当的蓝色色调时,公司在 41 个不同色调的蓝色中进行了著名的 A/B 对比测试,来确保最终的设计是绝对无懈可击的。当数量级巨大,有数以亿计的人参与其中的时候,最微小的改善也会转变成惊人的利润。

在互联网上,对顾客主动试验的概念可以广泛推广。根据查询历史、地理位置或者购买历史,给购买相同物品的顾客以定制化的折扣优惠。根据查询条目给出不同的价格比较,找到所有能够全面最大化收益的正确价格统计策略。互联网拥有巨大的数量空间并且有关计算机的一切都已数字化,这使它便于修改、易于仪表化,因而使得以上所提到的一切变得切实可行。

随着机器人感知技术日趋成熟,动态市场策略将成为现实世界的标准做法,这已被最聪明的公司在网络中所使用。假设你要带家人在当地快餐连锁店吃汉堡和薯条。如果这家店一直关注着你,在你驾车赶到时商店机器人便会认出你——这个人每周会和家人来一次并且每次订相同的五份汉堡和两大份薯条。快餐店会为厨师生成一份订单,在你停车的时候,厨师就在烹饪你的食物了。因为无需等待,快餐店可实现更快地接客;因为不需要再维持稳定的薯条供应来避免顾客排长队等候,餐馆浪费的过期食品也将更少。快餐店在知道甚至是几乎确定你会点薯条时才去炸薯条。在这种模式下,每个人都会感到快乐,而且快餐店也能提高工作效率和利润率。

但这也会产生一个不甚好的情况:这不是科幻小说,早在 5 年前就发生了。Hyperactive Bob,是一个计算机视觉

P.11

系统,与快餐店周围的摄像头相连接,用于监视进来的车辆(Shropshire 2006)。经过数月对汽车品牌及型号与订菜单的关联性等数据进行挖掘分析后,系统可在顾客驾车到来时能可靠地估计出快餐店厨师应该提供哪些食物。Bob 将互联网登陆页面策略扩展到停车场。甚至连隐私倡导者也难找到他的过失之处。此计算机系统仅仅辨认车辆就能做出关于车主订餐菜单的推测。如果公司不出售这些信息、不将购买者的身份与汽车的详细资料相关联,那么对隐私的侵犯似乎是微乎其微的。该公司甚至可以删除车辆来访时间等细节,而这些信息若保留可能在案件诉讼时具有法律价值,比如建立一个有效的不在场证据。

足够好地辨识车辆(感知),做出正确的烹饪决策(认知),十年前在这个层面上还是不可想象的事情,如今这几乎已经是种标准做法。研究人员在停车场对数字摄像机进行大量训练,微调计算机视觉软件可以识别行人,估计他们的行进方向,甚至学习到他们经常去的目的地。还有研究者将成像系统装在巴士的四个角上用来扫描街道上的骑行者,避免右转弯时可能撞到他们。该视觉系统检测出骑行者的行驶速度和方向,并将其与巴士司机接下来的行进意图相比较,在适当的时候会发出警报。科学家们已经研发出了相应的计算机算法和摄像机,能够在实验室里精确地聚焦于人手,并翻译手语手势。

P.12　　我可以确信地说,二十年后在诸如超市等结构化的环境中跟踪和理解人的行为在很大程度上将不再是问题。设想一下你走在大街上的动作,计算机视觉系统将轻而易举地检测到你视线的方向,如何行走,在什么地方徘徊,触摸和试穿过什么商品,你进入商店及在其中闲逛的整个过程中眼睛所驻留的准确位置,你与朋友讨论商品时的兴奋程度,你翻过价格标签时的面部表情,你买了什么,你离开时脚步的频率,你看起来的年龄,以及你同伴的长相。

2011 年 11 月,作为一个致力于从互联网到实体店的拓展性分析的创业公司,**欧几里得原本**(*Euclid Elements*)[①]从隐身模式下凸显出来(Perez 2011)。公司的新闻发布描述了针对实体店、登录页面和点击量统计在现实世界的对应形式:人流量、留存率、驻留时间、窗口转化率以及顾客忠诚度。计算机视觉现在还没发展到能进行大量的人脸分析和跟踪的程度,于是欧几里得利用智能手机唯一的 WiFi 特征检测并跟踪每位客户的位置。手机是如此普遍,以至于在这个商业概念下优惠卡本来微弱的可选择性都不那么必要了。虽然坚称顾客的身份不会被记录,欧几里得还是解释道:**对于仍旧感到不舒服的顾客,商店会给出如何选择退出数据搜集过程的提示。**这就是网络与实体营销智能技术密切结合的发端,并且随着感知技术的发展,隐私的界限将会不断地受到挑战。

如今,在实验室中,面部跟踪能够检测出你的面部朝向以及你所看到的物体。面部解析软件找到你的眉毛和嘴

P.13

[①] 《几何原本》是古希腊数学家欧几里得所著的一部数学著作。——译者注

唇,并测量它们的轮廓以记录你的面部表情。眼分析找到你的瞳孔,估测出你视线的角度,从而找到房间内你所注视的物体。动态的面部表情已经能被记录、分析、转化为对情绪状态的估计,而这一切都是自动完成的。

现在想象一下未来的尼尔森电视收视记录仪,它不仅能检测出你所选定的电视频道,同时还能检测出你全家有几个人正在密切地关注着电视屏幕。它估量出电视观众的面部表情,推断出随着电视节目的播出他们的情绪状态。面对一个本应好笑的笑话,你是否大笑出声;当插播商业广告,你站起来准备休息一下时,是否被一个精彩的广告吸引住;是否有节目令你感到无聊并让你切换频道;还是节目很精彩以至于你的电话响起,你却告诉来电者稍后打来并挂断电话;更棒的是,你只瞥了眼电话,查看了下来电者身份,然后选择置之不理。现在走出起居室,周围全是关于广告投放的仪表——它们估计你对广告的反应。在公交车上、在私家车里,以及所有你到过可能瞥见广告的地方,现在不光你看广告,广告也反过来观察你了。

在现实世界中,这种通过计算来精确地观察人类行为的能力仅仅是冰山一角。计算机视觉系统将能够**在任何时候对每个人**都做到这点。在机器人遍布的未来,网络分析侵入了我们的现实世界。数据挖掘将承担这一任务。人类的行为,当由单一的鼠标点击到细微的面部表情而变得日益丰富时,对它的感知和理解数据将是个更为困难的问题;但是二十年时间足够让机器识别和区分呈指数型增长的数据。

　　然而,创造和操纵顾客的欲望会如何? 或者说,A/B分 P.14
离测试和网上定制定价在现实世界中的对应物是什么呢?
公司正在制作数字幕墙的原型将取代固定在实体店里的广
告海报(Müller et al. 2009)。这些数字幕墙将内嵌计算机
视觉系统,该系统能够跟踪人脸和眼睛的运动,可直接获取
观看者的相关知识。计算机视觉将不仅仅跟踪人类细粒度
的行为,也能够估计出人的年龄、性别、甚至时尚感。口语
口音会产生有关每位顾客社会经济阶层、种族和受教育层
次的线索。由于数字幕墙能够在瞬间更改内容,这意味着
每个广告将能在消费者行为上着手观察并进行单独试验。

　　且停下思考一下。广告能够深刻观察,自定义互动媒
体以适应所希望进行的任何试验。当然,一个特定的人是
不可能被高度预测的。但当广告板看到每个人所做的一
切,并能尝试每个可能的策略,然后随着时间的推移,它会
找到操纵每一类人的方式。考虑到这种层次的个人优化,
我们重新想象一下 2002 年的电影《少数派报告》中定制的
广告画面,它们感觉起来不像是倒霉的杂七八糟的东西,而
更像是对于欲望的极度精确操控。

　　互动广告板知道如何按下每个人的按钮,以及那些按
钮的标签所对应的不同阶层的人。这是人类远程操控的一
种奇怪的新形式。那些按钮标签对于每个人口统计都是不
同的,但尽管如此,它们还是切实存在的,并被掌握在商业 P.15
实体的手中。他们知道在何种程度上通过何种方式可以做

到改变消费者的欲望,从而改变他们的行为。这是人类的万能遥控器。若被大规模利用,这会成为一个自下而上影响社会行为的方式。

有一个超理性的观点认为这是一个双赢的状态。如果世界仅仅为我个人自定义消息,并让我相信我真的需要一个腰椎垫,然后我买了它,世界还能让我相信我真的对腰椎垫很满意,岂不是很棒吗?毕竟,我真的很开心,并且公司也获得盈利。一个月前,我刚描述了本章所提出的结论就从朋友那儿听到了这些话。要是消费和满足定义了人类的全部状态该多好!这让我想起了电影《黑客帝国》中,反叛者西弗与探员史密斯达成协议。他同意出卖朋友来换取长久的制造出来的幸福:"当然,我知道牛排并不存在。但我也知道当我把它放进嘴里,矩阵就会告诉我的大脑它是美味多汁的。九年后,你知道我明白了什么道理?无知是福。"

完美制造的欲望,当然,不仅仅是为了幸福——我们需要记住它是基于商业逻辑的。成功的计算永远是弥合承诺与欲望之间差距的。但是当个人欲望能够被如此直接地控制时,那么商业决策可能会从根本上改变。无需再过于担忧产品承诺,需要考虑的则是哪些消费者的需求属于能被公司万能遥控器可操控范围内的,并对其施加可行的欲望,以满足公司利益的最大化。民众的购物意愿——他们整个采购轨迹,都会被哪些原材料价格便宜、哪些公司库存过剩,以及当月哪些货币汇率对公司有利这些因素所左右。

在当今人们对于个人隐私存在种种假定的背景下，这 P.16
个层次的消费者分析、模型的构建和定制的交互似乎是不
可接受的。但朝这种情况的过渡不是一朝一夕的事，正如
我们多年来所看到的隐私侵蚀所带来的经济利益，我们完
全有理由预计这一趋势将持续下去。本章中所概述的大部
分的营销优化并不关联人们的真实身份，仅通过运用诸如
对年龄、性别和职业等信息的估计对不同类型的人进行聚
类分析。位置信息和个人联系信息可以被视为一个选择
项，正如当前的做法一样，即便如此，绝大多数人仍会很乐
意继续注册以换取折扣和特殊待遇。经济和技术是一种强
大的力量，其在社会领域中的影响远超过对人们个人隐私
保护的要求。

大量的试验和数据挖掘能产生完美的人造需求这一概
念已经超越了商业领域，并已显著地渗透到了政治进程。
政治家像商界领袖一样，利用调查和专题研讨会去了解他
们的选民，然后构思出令人信服的论点表示他们能给选民
带来利益。目前，政治团体利用处于科技前沿的有针对性
的、即时的营销手段，对特定社区和人群开展微观趋势分
析、机器人电话和短信等活动。这就和出售一种商品或服
务一样。但是，当政治行动委员会能够衡量民众对竞选广
告的情绪反应，并能够以个体为对象进行试验时，可以运用 P.17
数据挖掘技术构建一个模型，以预测民众对不同的、定制的
竞选口号会如何反应。在这种情况下，万能遥控器影响的
不是我们要买什么，而是我们支持谁。

上述方法使得当今的专制暴君相形见绌，他们利用电视台和广播电台对全体民众做千篇一律的宣传。在机器人的未来时代，独裁者将释放互动的、定制的消息给每一个公民以达到预期效果。民主取决于知情的选择，民众选择代表并置于其治理之下。由于精心设计的、自动化的互动试验和数据挖掘，人们的欲望会被完美地操控，那么民众作出的不再是真实的选择。相反，互动新媒体将真正取代独立的个人判断。这一章的标题，"新庸人统治"，表示在一个可能出现的充满机器人的未来里，万能遥控器通过自动定制的新媒体有效地取代了民主。

2 机器人雾霾

2040 年 4 月,华盛顿特区,参议院废物处理与公共安全委员会

[部分对话] P.19

霍布森: 拉姆先生,这本来就是你的发明,对吗?你是现任 CEO,也是创始人。

拉 姆: 是的,参议员先生,但市面上有很多类似的机器人玩具。我设计 botigami 的时候,我的同行们也在制造类似的飞行玩具。

霍布森: 在我看来,你的产品无论是在过去还是在现在都是

与众不同的。我们所能找到的在售的其他飞行玩具，无一例外的都是使用电池提供能量，而同类产品中，你的产品是唯一使用柔性太阳能材料的吗？

拉　姆：我们没有深入调查过其他的产品是如何工作的。

霍布森：如果你的产品也是使用电池提供能源，那它们的电量终会耗尽，我们也就没有必要开展这项国会调查了，是吧？请告诉我们，你当时选择使用柔性太阳能的原因？

拉　姆：因为它更适合于飞行机器人。太阳能材料非常薄而且效率很高，在为机器人提供所需的能量方面，相比于电池它重量更轻，并且，这使得我们能用太阳能电池板材料来制作整套工具中可折叠的构造。当孩子们买 botigami 的时候，他们打开包装盒就能开始玩了——不需要买电池或者燃料电池，也不需要找来专门的工具打开电池盒。对于作为工程师的我来说，从各个方面来看这都是更为漂亮的解决方案。

P.20　霍布森：就这点来说，显然，电池限制了电子产品或者机器人的使用寿命。但当你选择使用太阳能供能的时候，你考虑过运行周期的问题吗？

拉　姆：事实上太阳能光电板更好，因为孩子们的玩耍不会因为电池耗尽而被迫中断。当太阳落山时，botigami 就会停下来——所以我们不必设计开关，这样也降低了生产成本。

霍布森：开关这个问题我们一会儿再讨论，我们先讲完你的产品和其他飞行机器人产品的比较问题。你的市场占有率如何？

拉　姆：就数量而言，粗略估计我们的产品占有 85％ 的净销售总量。

霍布森：那么，在过去的 5 年里，你们卖掉了多少台 botigami 呢？

拉　姆：在全世界不到 1 亿台，美国地区大约占了一半。

霍布森：好的，我们回到先前那个问题，其他的同类竞争产品有没有使用太阳能且不带开关？

拉　姆：不好意思，我无法回答这个问题，我还没有做过此类的竞争产品分析。但我的市场团队可以做一个调查，然后反馈给你。

霍布森：现在，谈谈你的产品的第二个功能特性吧：说说视线追踪，怎么样？据你所知，有没有其他的竞争产品有内置的眼神交流行为？

拉　姆：没有，我不知道其他哪些产品有这种功能。　　　P.21

霍布森：为什么你要做这种功能呢？为什么要在飞行玩具里面设计这种通过眼神交流的机群行为？

拉　姆：你曾经读过加西亚·马尔克斯的书吗？《百年孤独》。

霍布森：没有读过。

拉　姆：这是一部非常优美的小说，充满了魔幻的现实主义，里面有一个非常美丽的场景：很多蝴蝶围绕着

主人公翩翩起舞。为了能给孩子们重建出这种体验,眼神交流的互动是一种非常好的解决方案。如果你有 5 个 botigamis,弯腰将它们沿着墙排成一行,然后依次盯着它们看,它们就会起飞,并围着你的头飞舞。不一会儿,就有 5 个机器人围着你飞舞了。除此以外,开箱后一体化视觉芯片便进行人眼侦测和视线追踪,只额外增加极少的重量,几乎没有任何电能损耗。给 botigami 增加这项功能后,机器人变得有趣多了,而且 BOM 成本也没多少变化。

霍布森:BOM?

拉　姆:就是物料清单,机器人的所有零部件的成本。

霍布森:如果这种眼神交流功能这么棒的话,为什么你的竞争对手们不在自己的产品里加入这种功能?

拉　姆:我不知道他们是怎么选择自己产品的操作模式的。

霍布森:那么他们是怎么做的?你肯定知道。

拉　姆:我见过的一两个是使用远程控制,由孩子们直接遥控。

霍布森:我想确认一下:你使用眼神交流是因为你想为用户重现书中的体验?

拉　姆:并且我们在无意中发现了一个很好的设计。我的意思是,这造就了一种激动人心的交互式体验。很显然,消费者们喜欢这种体验。

P.22　霍布森:交互式体验?好吧,请看看这张图,拉姆先生。你知道在中央公园有多少人带着墨镜吗?这些是上周监视器的拍摄画面。这里,请注意证据5,秘书,把这个播放出来。

拉　姆:嗯,我看到了墨镜。

霍布森:那好,那些没有戴墨镜的人呢?他们在做什么?请你描述一下。

拉　姆:他们好像在低头看人行道。

霍布森:不是的,拉姆先生,他们弯着腰,走路的时候是在看自己的脚。选取一个6年前的时间点。在你发明botigami的前一年,同样的公园,当年同一时间段,同样是阴天,瞧瞧有什么不同?每个人都是挺直了身子走路,边走边与别人说笑,很放松的样子。拉姆先生,你注意到这和你去公园散步所看到的有什么不同的吗?

拉　姆:参议员先生,我管理一家很大的公司。很遗憾,我没什么时间去公园里溜达。

霍布森:好吧,既然你不去公园,那我来告诉你那里现在是个什么情况。每个人都害怕被你的某个机器人发现,害怕与它有眼神交流。因为如果有眼神交流,那些机器人就会飞过来,在你周围盘旋。每个人都避免与所有物体有眼神交流,因为随处都可能会有个 botigami——前一天太阳落山时,它在哪儿就会停落在哪儿。没人再敢看周围的东西,拉姆先生。在5年时间里,你独自一人用30美元的儿童玩具,改变了人们在公园散步的方式。我的提问时间结

束了,下面请雷穆斯先生提问。

雷穆斯：谢谢。现在我们回到这次调查所关注的公共安全
问题。拉姆先生,你知道有些人是怎么通过改装
botigami 来制造新的机器人吗?

P.23　拉　姆：是的,议员先生,对此我略有所知。

雷穆斯：我的侄子以前在布里斯托尔的圣安德鲁公园玩的
时候,见到一只看起来是跑步者训练用的机器狗。
但实际上,这个机器狗是个把 botigami 和训练机器
狗连接起来的新型机器人。当他目光接触到这个
100 磅①的机器人时,它开始以每小时 10 英里②的
速度向他跑去。那个和他一样高的机器人,把这可
怜的孩子困在那儿,围着他转了 20 分钟。你知道
这种改装的机器人吗?

拉　姆：没有,我从来没听说过这种东西。

雷穆斯：好吧,我在网上查过了。有一个在线教程,教人们
如何使用 botigami 的视觉处理器,以及用 botigami
的控制器替换跑步机器人的控制器。很显然,这两
种机器人相似的架构使得人们只需一小时就能完
成整个操作。你觉得这可能吗?

拉　姆：大部分机器人设备都是使用类似的部件,因为我们
都是从一些相同的厂商那里购买同样的基础传感

---

① 单位符号 lb,1 lb=0.453592 kg。——编者注
② 单位符号 mi,1 mi=1.609344 km。——编者注

器和处理部件。一些部件可以互换是很自然的事情。

雷穆斯：好吧，照这样下去，大家在公共安全问题上就会遇到麻烦了。你在设计下一个版本的 botigami 的时候，能让它无法再这样改装吗？

拉　姆：无法改装？我不明白你的意思。

雷穆斯：那我说得明白点——botigami 广为公众诟病，而且现在它似乎威胁到了公共安全。我们坚持要求你在设计下一个版本的时候，让它无法被别人改装成其他机器人。

拉　姆：但是这是不可能的。如果你制造了某种东西——任何形式的机器人——从原理上讲都会被逆向工程的。没有所谓可改造或不可改造之分，任何东西都是能被修改的。它们只是些产品，毕竟不是生物。

雷穆斯：这太荒谬了。这就好像是告诉我，每次你发明个新东西，它都会把我们的城市再一次搞得一团糟，因为总有那么一些人会改装它，将它用于歧途。在 20 世纪，我们几十年间的那些发明，不是也没有引发意料不到的灾难性后果吗？你看到过我们现在所面临的垃圾填埋问题了吗？你是否知道维护费直线飙升了多少？只要我们一接触到土地就会挖出某个 botigami，它依靠阳光充电，只要有阳光就起飞并寻找人们的目光。拉姆先生，你见过废物处理

P.24

站现在是个什么样子吗？我们几乎完全要在夜里工作，就是为了避免引起那些机器人的注意。如果每个机器人都是可以被改装的，拉姆先生，你觉得我们该如何应对？

* * * * * *

2004 年，从海军陆战队退役的鲁弗斯·特里尔在美国亚特兰大市中心买下了一家酒吧，将其改名为特里尔酒吧，于是这个爱尔兰风格的酒吧便开始运营起来了。这个酒吧附近既有奢华公寓又有收容所，那些无家可归的流浪汉总是喜欢坐在酒吧附近的人行道上。对于酒吧周围到处都是流浪汉和毒品的交易活动，特里尔甚为苦恼，于是，2008 年他打造了一台机器人来帮他清理路面。

这个机器人的底盘是一个三轮电动滑板车，主体是个烤肉架。机器人身上的红灯是 1987 年产的雪佛兰科迈罗汽车的尾灯。通过一个配有对讲机的家庭警报扬声器系统，机器人身上能够传出特里尔的声音。机器人身上有个可活动的转台，装有高亮度聚光灯和高压水枪。

现在特里尔酒吧的牌子则写成了"BumBot 之家"，特里尔在网上和酒馆吧里出售印有 BumBot 的 T 恤。用远程控制的机器人威胁恐吓来赶走那些不受欢迎的人，特里尔酒吧恐怕是在当地第一家这样做的酒吧。

两种趋势造就了 BumBot 这样的机器人的产生及大众

接受度。第一个趋势是,与以往相比,制作一台可以远程控制的机器人所需的技术复杂度以及成本都降低了很多。几乎任何人周末时间都能够造出一个最简单的机器人,而且当前已有的生产设备使得我们的第一台机器人可以更大、更重、更强劲。第二个趋势是一种态度上的进步。我们通过火人节(Burning Man,每年在美国内华达州沙漠区举办的艺术节)、制汇节(Maker Faire)、工艺节(Craft),以及其他的表现形式举行生气勃勃的 DIY(自己动手做)发明展会,这已经成为一种文化。凭借应用各种零部件制造的机器人,特里尔加入了一个著名的俱乐部,这个俱乐部由一些狂热人士组成,他们都热衷于通过回收利用和改变物品零件的用途来组装制作新的设备。即便是 BumBot 的用途从伦理上讲也令人忧虑,然而特里尔作为一名当代发明者的身份却缓解了很多人对于他用机器人来做什么的具体细节的担忧。

P.25

在未来的几十年,随着设备在成熟度和多样性方面的进步,更重要的是,它们在我们的生活空间中出现程度的提高,DIY 机器人学将会被改头换面。未来将会出现数以百万计的"特里尔",而且每一个人都有自己的行动计划、道德标准和愿景,他们将会用钢铁和程序来实现自己的梦想,创造出人类大小的"生物"。这种人人都可以创造的机器品种繁多,而且无所不在,我们会不会成为如此壮观的机器人动物园里的囚徒?"雾霾"是一个混合词,它兼有自然和人工的属性:"雾"只是降低了能见度,但"雾"和"霾"混合在一

起,则会降低生活质量,会导致跑步者咳嗽、网球运动员肺部灼热,甚至会让少年儿童患上哮喘等疾病。"机器人雾霾"则是一个技术领域的混合词:以往人们都是通过书写或演讲来表达自己的想象,但不久,这些想象将会以富有侵略性的形式出现在我们的现实世界里,附着在街道上和空气中。当机器人的梦想成为现实的时候,在那个世界里,我们却可能有窒息的危险。会不会出现这样一种情况,机器人产品变得像太阳能玩具那样既具备自主性又容易被改装,以至于公园里到处都是时时纠缠着人类的机器人?

P.26　　纵观因特网的发展历史,也有类似的例子,虽然非常不同,但也可以用来理解"机器人雾霾"的概念。在 20 世纪 90 年代末期,人人都想创建一个自己的网站。但那时建站要用 HTML 编程(一种针对网站的计算机文本规范),因为这种复杂的语言最初是面向计算机程序员的,这要求写网站的人具备一定的计算机语言知识。随着 Macromedia Flash 技术的出现,再配合 FlashToGo 等交互式工具,情况就突然改变了。这些工具的出现,让那些非程序员人士,即便没有任何图形设计和计算机编程经验,也能够建立并发布自己的整个网站。

　　在新工具的推动下,每周都有大量新网站发布。得益于 Flash 技术,很多新网站上都充斥着闪亮的动画——飞舞的蝴蝶、跳动的心、闪烁的文字、从屏幕上飘过的剪贴画等。当然,结果是短短几年间,俗套、创意低劣、音效烦人的网站迅速大量涌现,这样的东西在审美上并不吸引人。但是这种新颖、简单的发布流程所产生的下流效应（downstream effect），其影响是深远的。因特网成为了所有人的舞台。就像市镇广场上使用了扩音器的高谈阔论，周围数百万人的耳朵都能听到；每个拥有一小时时间的人都能够将自己的世界观和政治观点发到网上。这反过来又会造成因特网世界的巴尔干化，因为越来越多的极端思想吸引了那些志趣相投的听众，自我控制与妥协的美德在极端、排外、夸大面前荡然无存。

机器人学领域也明显地存在类似情况。在未来十年，<span></span>P.27 科技将使人们制作自己的机器人变得非常容易。这会导致出现那个令人烦恼的机器人动物园吗？会出现一群怪异的新"生物"吗？在早些年，各种带动画的新网站如雨后春笋般大爆发，但它们都只存在于因特网上。如果你想远离那些嘈杂的网站，只需要简单地起身离开你的电脑。即使是当今智能手机应用的大爆发，它们也是被限制在一定的范围内——只存在于你的手机里，你可以选择下载这个，使用那个。但是未来的机器人将作为物质实体而无处不在。当和你住同一条街的邻居自己制造机器人并让它自由活动时，第二天你可能就得跟它打架把它赶出自己的菜园子。在这个充斥着机器人的未来，个人的观点将不再只是进行沟通和交流，而是由机器人仆人的混乱生态群将其付诸实际行动。

接下来的 20 年间，将会出现什么样的大众 DIY 机器人发明呢？为了进行这一设想，我们需要先做一个机器人技

术的入门介绍,这个入门将介绍机器人系统的发展,以及在不久的将来最有可能、也最容易实现的的机器人技术突破。

未来机器人入门

我将未来机器人的突破点分为 6 个创新领域:机械结构、硬件、电子、软件、连通性、控制。下面的 6 个小节将依次介绍这 6 个类别,并以此预测未来 20 年的发展。

入门1:机械结构

机器人的机械结构(底盘、几何结构、关节)没有得到足够的重视,但对机器人设计而言,这是非常重要的一个方面。机器人如何运动、有多重以及重量是如何分布在整个机械结构上的,解决这些物理学上的问题对于一个机器人设计是否成功至关重要。毕竟,机器人的活动还是有局限的。我们常常会让电机超负荷直到达到其断裂点。机械手的重量也直接影响了臂轴处可采用的电机技术,而这反过来也显著影响了机器人的最终成本。

P.28　　几何结构和重量也非常重要,并有一些针对这些问题的专项研究。其中有一项研究称为被动行走,在我们的祖父母辈那个时代,有一种木头玩具,不需要电池甚至不需要弹簧作为临时储能装置,就能够从小斜坡上面往下行走。今天的研究人员已经开发出了一种真人尺寸的机器人机械结构,能够在没有任何净能量消耗的情况下沿着小斜坡往下走。这些先驱们探索重量和力学的边界,来创造高效节

能的机器人。这些机器人爬坡时只需要消耗传统行走机器
人所需的一小部分的能量（McGeer 1990；Omer et al.
2009）。

进行机器人机械结构的研究，曾经是一项非常具有挑
战性的工作，因为要实现一个新的设计则需要实验室配备
高端的机械加工和制造设备，包括车床、铣床和焊接设备。
但是在过去的 5 年间，在低成本、快速原型的制造方面发生
了一场小小的革命，这得归功于 3D 打印技术和激光切割技
术的发展。3D 打印机通过加热并沉淀可塑材料的方式，每
次循环沉淀一层，可以创造出任何立体形状。激光切割机
能够将塑料、木制品，甚至是金属切割成复杂的零件模块，
再将这些模块组装成新的机器人框架。现在，每个机器人
实验室在发明出新的形状后，都有能力在数小时或者数天
内制作出原型并进行测试，而且耗费不多，所以在短短一周
内就可以做出几十甚至几百个实验用机器人机体。

过去机器人研究的一个特点是，每个实验室都塞满了 P.29
看起来差不多的机器人，因为研究者们都是从三四家制造
商那儿购买机器人，而这些制造商都大批量地生产一模一
样的圆形垃圾桶大小尺寸的机器人。现在，机器人实验室
有了众多可选择的机器人方案，甚至是定制机器人。这种
创造性的大爆发类似于寒武纪时代出现的哺乳动物大分
化：每个实验室都有着各式各样大小不一、重量不等、形状
各异的机器人，而且每个实验室的机器人"围栏"看起来都
跟邻近的实验室完全不同。

　　在未来十年间,机器人的机械结构,尤其是它在两个特定领域:高自由度(DOF)机器人和飞行机器人将会受益于这种机器人寒武纪的多样性大爆发。高自由度机器人有着大量的关节和电机,这意味着,相比于那些只能简单地前进、后退和转向的传统机器人小车,这种机器人能够以更为精细的方式与物理环境互动。自由度实现了腿和髋关节的自由运动,使得机器人能够使用楼梯,从而将其活动范围扩展到我们大部分的生活居所;有了手臂和肩关节,机器人可以操作所有那些我们人类每天都会使用的设备,从电灯开关、冰箱,到洗衣机。更高的自由度意味着会有更多的机械手、尾巴,以及更高的像蛇一样的灵活度。十年前,机器人能够像 6 岁孩子一样玩单杠。现在,为军事侦察而设计的蛇形机器人能够爬进 4 英寸③的缝隙。类人型家庭服务机器人能够打开冰箱的门,看到里面的瓶子,挪开周围的物品,将手伸进去,把啤酒取出来。我们可以很容易地去设想运用机器人去做那些我们人类做不到的事情——从爬树穿过林冠,到蛇形穿过下水道系统,攀爬任何排雨水管,以及爬行穿过乱石堆对救灾现场进行搜索。

P.30　　在蛇形机器人和其他一些高自由度机器人领域内,重量和电机强度是最主要的问题,而对于飞行机器人来说,这些问题则更为关键。快速的结构仿真、原型制造以及测试对于飞行机器人来说将会是具有颠覆性影响的。只要去逛

③　单位符号 in,1 in＝2.54 cm。——编者注

一下本地的电子市场,你就能看到一些这样的进展。十年前,一个小型远程控制直升机就得花上数百美元,并且一次只能飞两分钟。而现在,人人都能花上 14 美元买到并操纵飞行一架手掌大小的直升机。

机器人控制在飞行器上的应用,已经将这种新一代廉价直升机推向了一个全新的高度。视觉系统能够实时地检测直升机所在的确切方位,自动控制系统能够精确地控制直升机飞行,如控制直升机旋转上升、急转弯、穿过两边都只留有一英寸间隙的狭窄的垂直缺口。它们可以在壁架上着陆以节省电力,稍后再起飞(Mellinger,Michael,and Kumar 2010)。一些实验室曾公开过一些视频,20 架机器人直升机在空中盘旋并以紧凑的队形飞行,甚至动态地改变队形成对地同步穿过窗户框(A Swarm of Nano Quadrotors 2012)。现在,这些演示效果还要依赖于天花板上安装的摄像头和外部计算机控制,但在不久的将来,这些限制将会不复存在。空气动力学和控制——机器人的外形、重量分布、机械配置、自动控制——是飞行机器人飞行的关键技术,它们会使飞行机器人变得很便宜、机动性更强,并且只依靠很少的电力就能保持滞空。现在我们梦想中的飞行机器人,将随着先进的 3D 制造技术,特别是新型塑料和弹性材料的应用而成为现实。我相信机器人的"寒武纪大爆发"现在只是一个开始,其创造性的发展轨迹在规模和形式上都将呈现出急剧上升的趋势。

P.31　**入门 2：硬件**

在机器人技术发展的分类中，硬件是最难以作出预测的。硬件方面绝对需要重大革新，但我们不能简单地依据最近的历史来预测未来硬件革新的速度。在计算机设计中，摩尔定律曾准确地预测出处理器升级的速度——每 18 个月处理器速率翻一倍。但在硬件技术，比如电池和电机领域，却没有这种摩尔定律。事实上，电池和电机的研究已经枯竭多年，来之不易的研究成果也没有取得商业应用上的成功。

然而，新的进展已经出现了，而且它们的最终出现也产生了颠覆性的影响。尽管颇具争议，但本田公司的 ASIMO 机器人曾被认为是激起公众对机器人想象力的最上镜且最具魅力的大型机器人之一。关于它，在机器人研究圈子里流传着一个有趣的故事。ASIMO 项目中一位领军的日本人工程师曾做过一次巡回旅行，在美国的大学展示自己的机器人并含糊其辞地回答一些问题。一次他在毫无准备的情况下坦诚地说道，他们必须克服的一个杀手级问题就是电机。换句话说，只要他们能够解决如何制作机器人每个关节的电机这个问题，相比之下，其余的人形机器人的开发工作就简单多了。

电机技术确实限制了机器人的发展。一部分原因与电机和生物系统里的关节和肌肉的工作机制截然不同有关。
P.32　我们人类的关节既轻又极具弹性。每个关节的柔韧度和肌肉的硬度是可以控制的,因此在击剑运动中,你能够在招架的同时保持肌肉的放松,轻易地将手中的花剑移至侧面;或者是在扳腕较量中使胳膊上的肌肉变硬,保持牢固不被扳倒。我们的关节的活动速度也非常快,更不用说蜂鸟和蝴蝶了。

相比之下,以前的电机是笨重、高能耗、僵硬的。如果你给电机增加齿轮箱,便能够增大输出扭矩,但同时也降低了转动速率,而且使输出轴难以被转动——不花点力气你就无法用手扭动机械臂,无法用手转动齿轮箱的输出轴。如果你制作小型机械臂时内置轻型电机,即使机械臂和人的胳膊一样重,机械臂也完全不可能举起一个咖啡杯。并且这个任务对于要求能够在家里扶老人下床,协助他们去卫生间的机器人就太过简单了,机器人要完成这些动作必须同时具备柔韧性、弹性以及相当大的力度。

有一段时间,很多人认为机器人电机的未来应该是像人的肌肉那样工作的系统,镍钛合金金属肌肉纤维技术被誉为下一个革命性的进步。这种金属纤维能够随着电流变化而伸展收缩,人们设计了巧妙的装置来使多簇同类的纤维平行工作用来负重,以及将其活动范围从几毫米扩展至几厘米以及更长距离。然而,整体能源效率和疲劳度方面的挑战将这种金属肌肉纤维的应用缩小局限在某些领域,譬如医疗机器人领域。在这个领域,严格受控的环境可令其工作得非常理想。

尽管如此,最近新型电机的设计工作在高动态、可控电

P.33　机方面已经有所成就。研究者们正在开发一种将电机和可调节弹簧整合起来的关节,这一整套的系统能够精巧地应对外来冲击力。更为先进的电机已经具备了内置的压力感知,而且它能够实现极为快速的控制,电机的电子器件能感知作用在电机上的外部压力并对这些压力做出实时反应以输出任意期望的刚度和韧度。总有一天,这将使机器手能够与人进行有力而又安全的握手、折纸,甚至是在保持蛋黄完整的前提下打破鸡蛋。电机之所以得以进步,其中一个原因是虽然它们本身并不遵循摩尔定律,但却得益于不断进步的嵌入式控制电路和软件,这样摩尔定律可以通过另一条途径影响未来的电机技术。

可能会对机器人的发展产生巨大影响的另一类硬件是电池。发明一款革命性的电池已证明是难以做到的,因为它不像计算机芯片设计的那种增量式进步,可以预测其未来数年、数十年的发展,电池的发展依赖于化学和材料合成领域中基础的、颠覆性的发现。何时会出现这些发现?目前无法预测。在计算领域,摩尔定律暗示,每 18 个月处理器的处理速率将翻一倍。相比之下,我们来看电池技术的发展。1860 年,我们发明了第一块铅酸蓄电池,这款电池的能量密度大约是每千克 30 瓦时(W·h/kg),即电池内每 1 千克的物质能够以 30 瓦的功率放电 1 个小时。直到 1988 年镍氢电池(NiMH)的出现,能量密度值才翻倍,达到了 60W·h/kg。同一台机器,只需要 0.5 千克的镍氢电池,就能提供早些年 1 千克铅酸蓄电池提供的电力。到了 1997

年,锂聚合物电池达到了一个新的能量密度级别,180W·h/kg,但是时至今日,生产锂聚合物电池的成本仍然比 30 年前镍氢电池的生产成本高。现在让我们小小地震撼一下,用这些数字与汽油相比:13000W·h/kg,几滴汽油,总重 2.5 克,就能提供 1 千克铅酸蓄电池所能释放的能量。 P.34

简而言之,这就是电动汽车和小型机器人需要克服的挑战。再具体一点,假设有一个体重 50 千克,大小与人相当的可行走机器人,它需要平均 350 瓦的能源供应。让这样一个机器人连续工作 6 个小时,需要使用 70 千克的铅酸蓄电池,镍氢电池则需 35 千克,高端锂电池仅需 12 千克,而如果是汽油则仅仅需要 10 大汤勺的量而已。

市场上存在着众多需要对电池进行改进,同时降低移动产品的能量消耗的商业压力。得益于平板电脑和智能手机产业的发展,这些领域的商业投资将使得未来的机器人在运算上会消耗更少的能量,并且终将会推出更轻、更便宜的电池。但是请记住,电池生产成本的方程往往由其材料所主导,因此对于价格便宜的小型飞行机器人而言,规模经济不会必然性地将先进的锂电池的价格降低到能使其显著受益的程度。

跟电机一样,电池的研究也需要工程师们做出实实在在的创新,从而创造出全新一代的替代品。另一方面,燃料电池和光伏电池也需要有类似的革命性突破。所有的这些技术挑战主要是阻碍了小型机器人的发展,因为这类机器人需要重量轻但又高能的能量供应。与之形成对比的是,

在未来十年内即使电池技术只是渐进式发展,也足以满足那些重达数十磅、数百磅的大型机器人的需求了。下一代的燃料电池、大容量电池,甚至是汽油引擎,都足够让这些大型机器人奔跑、跳跃、游走于大街小巷。

P.35

入门 3:电子

　　机器人电子技术的发展曾沿着一条曲折的道路前进,只是现在才有了稳定的进展,这些进展指明了未来的趋势。机器人沙基(Shakey)属于第一代研究型机器人,由加利福尼亚州门洛帕克市的斯坦福研究院(现在称为 SRI 国际)的人工智能中心建造(Wilber 1972;Nilsson 1984)。在 1971年,这个机器人所用的技术已经远远超越了它所处的时代:它能够在实验室的各个隔间之间导航,用视觉确定自己的位置,以及识别障碍物。想象一下,在计算机的人机接口仍然是电传打字机、还没有文字显示的计算机显示器的时代,机器人沙基就已经能够使用视频摄像头进行视觉导航了!机器人沙基并不仅仅局限于它六英尺④高的身躯,它的组件还包括了一个房间大小的 PDP-10 和 PDP-15 计算机,这些计算机不停地与它的硬件通信。换句话说,这个机器人并不是自足的,它还依赖于自己身体以外的各种计算资源。

　　20 世纪 80 和 90 年代出现了一种趋势,研究者们试图去实现他们梦寐以求的目标:独立自足的移动机器人。在

---

④　单位符号 ft,1 ft=3.048×10^{-1} m。——编者注

研究者眼里,这种挑战就是让机器人不依赖于任何外部资源,也就是说将所有需要的资源全部塞进机器人身体里。在能源和重量的限制下,要求大量的电子工程设计以实现尽可能多的感知处理,得益于前人在这方面的努力,在20世纪末,机器人才开始真正成为一个自给自足的系统。

后来便是软件即服务的时代,以及在机器人上的应用,这种应用在架构上希望机器人能够利用尽可能多的互联网 P.36资源。例如,调用外部资源做人脸识别,这样机器人就能搭载更少的电子器件,且能够识别出机器人实验室里的每个人,并对他们说"早安"。随着网络数据传输速率不断增长,互联网被认为是将机器人小型化同时又保持其拥有高智能行为的绝佳方案。

随着回归沙基机器人理念的接受,视频游戏实体化也随之而来。Wii远程控制器,使得任天堂游戏机的玩家在显示屏前面通过肢体动作就能玩游戏,这意味着视频游戏电子设备的开发者们已经开始生产手持电子设备了,机器人研究者可以直接利用这些设备。低成本高精度的加速度计和陀螺仪改变了游戏规则,首先得益于视频游戏,现在又得益于由智能手机所创造的规模经济效应,现在只需要几美元,就能购买大量的本体传感器密集地集成在小型机器人里面。

这种趋势随着微软的Kinect的推出而进入高速发展阶段。Kinect是一个电子摄像头系统,有了它,人们的手势、肢体动作能够通过Xbox游戏机与视频游戏关联起来。大

量机器人方面的研究文章指出了一些方式,移动机器人利用这些方式现在能够通过可编程的 Kinect 传感器来检测墙壁和障碍物,以及实现以前很难实现的人机接口(HRI)——例如,人类对机器人的手势控制,或者用 Kinect 与人类跳舞的机器人。这样看来,我们正再次回到复杂的机载电子技术的时代,但现在与以往不同的是,大批量、低利润的交互式消费电子产品的时代已经到来了。随着这种交互性的复兴,任何新型电子设备的发明都将可以直接应用于机器人,并且通过必要的改装使机器人更智能更先进。

P.37

设想一下手机和游戏的未来:从检测你是否正在开会,到感知你的位置、温度和湿度等环境数据,以及你是否昏昏入睡或者处于兴奋状态——所有这些物理感知电子设备都将以零部件的形式安装在机器人体内。任何让手机融入我们的日常活动的新方式同样也能让机器人更全面地检测环境并对环境做出反应。

当然,视频游戏、在线娱乐、真实世界中的娱乐活动以及移动通信技术的界限将变得模糊。在我们的活动范围内所有的设备将变得更加具有交互能力,而且这些交互将由更多的自然交互行为所驱动,包括语音、眼神、手势。越来越多的个人用品将具有自主能力,就像是一个好管家一样,按照我们的意愿或者高级指令做出行动:正确地找到并预定餐厅,重新安排我们的日程,甚至是根据观察我们正在做什么而过滤我们的电话。

也许"机器人"这个词的含义将变得模糊,因为手机将会越来越像一个机器人,并且机器人也将大量被当作成熟的视频通信设备使用,使我们出门在外的时候也能哄孩子睡觉或者是造访同事。无论如何,得益于电子相关行业的不断发展,我们今天所设想到的机器人技术将会变得更加成熟、更加智能。

入门 4:软件

机器人软件的发展围绕着一段试图为程序设计创造出一个标准框架的有趣的历史而展开,理论上,这种框架能以开放共享的方式逐步提高所有机器人的能力。标准框架方面的努力通常是从计算标准化的成功中寻找启示,而且这些努力已经在软件开发中获得了最好的实践,并试图将这些成果应用在机器人研究上。

P.38

但是,机器人远比计算机更为多样化,受制于此,在机器人研究上的这种尝试只取得了部分成功。计算机之间有相似的结构,并使用类似的处理器和零部件。然而机器人们虽在外表上看起来很像,但内部结构却完全不同,例如,一个机器人使用无线电收发器和低成本的处理器,而另一个则使用成熟的计算机和定制的传感器。标准化在这些差异性面前几乎就是矛盾的。但是,这并没有妨碍那些大公司做出最大的努力。

作为基于社区的互联网工程任务组(Internet Engineering Task Force:IETF)早期的重要参与者,在 2002 年英特尔公司和其他一些公司率先开发社区和程序以实现机

器人技术的标准化(http://www.retf.info)。他们的想法是在这个成功模式基础上规范机器人技术。基于它所具备的兼容性、开放性和一致性,IETF成功地协助完成了互联网的规范化。通过提议建立机器人工程任务组(Robotics Engineering Task Force:RETF)从而将这些概念引入机器人技术,这似乎是合理尝试的第一步,但是,这种尝试在把基于一致性的方法应用于最简单的问题时,就已经困难重重了,例如为机器人零部件编写一系列标准化的规范。机器人技术可不是那么轻易就能对**传感器**、**电机**、**处理器**进行定义的——不是因为努力不够,而是因为一个研究者的**电机**,按照字面定义却可能是另一个人的传感器。即便是**机器人**这个词也太难定义了,标准化似乎也只是一个目标,但还没到实现这个目标的时候。

P.39　　避开硬件上追求一致的目标,微软从2005年开始借助Microsoft Robotics Studio独自进行机器人技术编程的标准化尝试(Jackson 2007)。微软的目标是为机器人开发一个统一的编程接口,这种接口对爱好者、教育工作者,甚至从业人员都是很有价值的。应用目标的多样性迫使微软要同时解决多方面的需求,例如爱好者和教育工作者要求容易上手,研究工作者们要求具备如实时控制之类的高性能,还有工业装配线机器人之类的商业应用的需求。同时,微软希望支持一种基于服务的架构,以便机器人和机器人进程能够发布和订阅如同人脸追踪、导航、远程控制之类的服务。最后,为了满足消费者如此多样化的需求,它们生产出了一个产品，而且这个产品已经被一部分人所使用，但是还没能成为广泛的社区性标准。对于一个标准的诞生来说，2005年似乎还是太早了。

2008年，一个叫Willow Garage的新公司依靠其机器人操作系统（Robot Operating System，ROS）加入了竞争行列。英特尔的OpenCV库由一系列开源的计算机视觉程序组成，它对爱好者、教育工作者和研究者们在计算机视觉方面的工作影响很大。ROS就是从英特尔公司先前十年间OpenCV上所取得的成功中获取了灵感（Bradski and Kaehler 2008）。选择重要的计算机视觉功能，然后在英特尔的计算机芯片上优化软件使这些功能更好地运行，公司通过这种方式为希望创建终端用户应用的人提供了高质量的视觉产品（Quigley et al. 2009）。从可以打乒乓球的机器人到能够为人脸拍照然后用线条构画出来的草图绘制机械臂，OpenCV库促成了迷人的演示程序在计算机实验室和科技博物馆里的蓬勃发展。Willow Garage希望通过ROS将移动机器人所要用到的关键技术成功地打包给用户，这样用户就能在Willow Garage自己的机器人上或者在其他的运行ROS的机器人上使用这些技术了。这些技术包括基本的导航、操控、跟踪移动的物体、人脸识别以及手势识别。它们已经催生了一个由ROS研究者组成的子社区，这些人共同使用、修改ROS资源库，以及向库内添加功能包。

ROS对于搭载了高性能处理器的高端机器人尤为有效，然而智能手机方面的发展也显示出小型低功率机器人

P.40

领域也将会有同样巨大进步。谷歌公司的安卓操作系统提出了一种架构,这种架构允许智能手机直接与机器人通信,并允许智能手机像小型机器人的决策处理器或是大脑一样运作。在不久的将来,你也许能够建造一个这样的机器人,它可以与你口袋中的手机通信,甚至通过手机与互联网通信。你的手机甚至可能成为一个控制中心,像蜂后那样,控制你周围的一群低成本机器人。

过去十年的经验告诉我们,将不会有对所有机器人都适用的大一统的软件架构出现。这个领域的差异性实在是太大,以至于这种大一统的尝试没有任何意义。然而,在所有机器人都能使用的软件服务里已经出现了重要的进展,并且这种进展的发展速度只增不减。室内导航曾是机器人技术里主要的研究难题,甚至整个会议议题都是致力于解决如何让机器人不会迷路。现在,大学生常常不需要学习机器人导航理论,只是使用整套的室内导航工具包作为软件服务,就能搭建出能够进行室内地图构建与导航的机器人。按照 OpenCV 和 ROS 的惯例,越来越多的软件服务将会面向大众,尤其是机器人将会走得更远并与我们的现实世界做更多的交互——和人一样在人行道上行走、乘坐电梯并协调出入、做简单的煎蛋。在现在,这些对机器人来说都还是很困难的,但是只要出现合适的硬件设备,软件上的解决方案很快就能以共享的方式开放出来,从而所有的机器人都能从中受益。

最重要的是要对这个构建的世界进行操控。处理家务事的能力,如拿起并移动罐头、水杯、报纸或是要洗的衣物,对于机器人在居家生活中扮演卓有成效的角色来说是非常重要的。现在,操控方面的研究水平仅相当于 20 世纪 90 年代室内导航的水平。研究先驱们开始展示他们的机器人,这些机器人有轻量级的机械臂和高级的感知能力,能识别桌子、分析桌子上的物品,然后在不碰到桌子上任何其他物品的情况下,用机械手抓起目标物品(Srinivasa et al. 2010)。推测物体的形状,判断用什么样的方式抓取,如何感知目标物体的重量,以及如果目标物体装满了液体,该如何在不让液体洒出的前提下移动它,这些问题解决起来都会出乎意料地困难。

　　从早期的导航系统过渡到完整的室内导航解决方案只用了不到十年。现在,软件技术的发展越来越快,我们也不会再遇到一年前所出现的计算方面的限制问题。如果在 5 到 8 年内对机器人的基本操控能成为坚实的公共服务,那么在 20 年内我们有可能完全开发出来的机器人技能的数量将十分惊人。在现实世界中,很多事情需要我们人类机械地去做,将来这些都可以很好地流程化并由机器人模仿完成。P.42

入门 5：连通性

　　在加利福尼亚州,由观光客们不经意引入的一个入侵物种,阿根廷蚂蚁,已经成为了一个单独的、数量庞大的超级群落,沿着加利福尼亚海岸延绵了将近 600 英里(Walker

2009)。与已知的"加州大蚁群"群落相比,加州的其他蚁群都显得十分渺小,这个蚁群展现出了它独一无二的力量,没有任何其他蚁群能与之抗衡。当你的敌人拥有无限的后援和无处不在的食物资源信息的时候,任何普通攻击都会失败。所有的阿根廷蚂蚁都混杂在一起,而不会遭到攻击——它们呼吸同样的信息素,甚至有冗余的蚁后,每一千只工蚁就有八只蚁后。

　　不管这些群落是否真的像"加州大蚁群"或者《星际迷航》里面的博格人那样,它们都是既有趣而又令人不安的,因为它们所拥有的力量和知识的基础远远超出了你和这种群落中的一员交流时所体验到的一切。构成我们所讲的机器人雾霾的那群机器人,是否将成为一个大型群落中的成员,还尚无定论。但可以肯定的是,我们的机器人雾霾将会与它自身以及数字世界里的信息上层建筑有大量的互连互通。无论从哪点来看,都将会有一个新的超级机器人群落出现,并且这个群落将给我们这些具有独立思想的人类带来有点棘手的交互方式。

P.43　　对机器人的基本连通性的争论将源于这样一个事实:在对物理环境的感知和交互能力上,最开始它们将会表现得很一般。为了尽可能好地去看到世界并且理解感知信号,机器人必须利用在线资源,这当然包括视觉识别服务,以及物体与信息的特定数据库。请将这当做一个为机器人而不是为人服务的庞大的谷歌搜索引擎：*Robo-Google*⑤ 将全世界的信息组织起来供移动机器人使用。机器人将会希望知道如何识别交通信号灯，如何去拧他们从未遇到过的门上的门把手，以及如何去折叠或是打开一台婴儿推车。机器人将会需要具备识别人脸的能力，以及记住所识别人的身份以备以后能想起他的名字。

一旦机器人使用 Robo-Google 收集并存储现实世界的信息，那么在机器人之间广泛地共享这些信息方面自然就会有所进步。这样一来，有趣的是，基于互联网的非物质的信息将会非常容易地与有形世界关联起来。一个机器人在飞机场看见你吃力地拖着一堆行李，会询问你是否需要联系一些新型的助力行李箱。如果你回答需要，你不必提供联系方式，因为机器人知道你智能手机的详细信息——你的手机和机器人都在同一个网络内，并且，任何为享有这种特权而付过费的机器人或者服务都可获得你对新型行李箱有兴趣这一信息。但共享将不会仅此而已：你愿意接受关于新产品的有礼貌的提议，这一信息将会在机器人网络里被买卖，只要它仍具备商业价值。

因为在线社区具有无限大的特质，当在街上看见一个机器人的时候，你很难推断它到底拥有多少关于你的背景信息。这就相当于影视明星或者是政客遇到他们的粉丝。

---

⑤ 意思是将类似谷歌的搜索引擎用在机器人身上，让机器人能够通过它搜索信息。——译者注

粉丝们很清楚地知道与明星有关的大量信息,而明星对每个粉丝的信息却一无所知。这种关系中没有平等性和相互性,恰恰相反,只有双方都不会满意的奇怪的单边社交。

P.44　　关于连通性,最后需要提到的是,机器人,即便是社交机器人,都不会和人一样。因此,认为我们与智能社交机器人交互将会如同与人交互一般,这种想法是非常天真的。如何做到这一点,在这方面没有任何真正的先例,我唯一有信心预测的是,2035 年你会在大街上遇到的机器人,他们了解你的信息将会比你了解它的信息要多得多。如果你是一名不折不扣的乐观主义者,你可以将这种现象解释为,机器人把你当作影视明星一样对待。

入门 6:控 制

　　一种传统的看法认为机器人控制可以分为两种截然不同的模式:人工控制,或称为遥控机器人(teleoperated robots);以及自主控制,或称为自主机器人(autonomous robots),后者使用自身的传感器来决定如何移动及动作,它们自我控制。我们目前不倾向于追求这两种极端方式,而是寻求一种能将自主决策和人工遥控流畅融合的方法。一些机器人将主要依赖于自动驾驶仪工作,当不确定要做什么任务时,则会询问人类。一些机器人将是自主的,但需要人类的帮助。它们会去寻求路人的帮助,如方向、门和电梯的位置。一些机器人将设计成遥控的,虽然受人类的高度控制,但仍可利用自身的传感器和反应机制进行避障。然而,其他的机器人根据任务不同可实现从精细的远程控制到完全自主行为的全范围运行。

自 2004 年 NASA/Ames 智能机器人小组启动了一个称为人-机器人对等互动(Peer-to-Peer Human-Robot Interaction)的项目。研究人员研究了机器人和人类如何在月球上共同工作建设项目,着眼于让人类在安全的登月舱内帮助机器人在月球表面建设一个栖息地(Fong et al. 2005)。有时候身穿宇航服的人类会与机器人肩并肩一起工作,来抬起沉重的零件或检查一个焊接接头。其他时候,机器人也可能会遇到困难,例如螺接两个预制框架部分,此时它将请求远程帮助。在这种情况下,人类操作员则将需要从机器人的监督者转换到遥控者,从远方接管指挥机器人的摄像头和机械手臂,直接扭紧遇到麻烦的螺栓。研究人员称这种机器人控制水平无缝转变的能力为可调自主(adjustable autonomy),这将是未来机器人的一个重要设计考虑。

P.45

可调自主表明:类似于商用飞机的自动驾驶仪,接口设计得非常好,人类可以获得态势感知并在必要时接管控制。相反,当任务足够简单,机器人足以处理时,可调自主则意味着人类操作者赋予机器人自主权而无需直接控制。

在 NASA 的例子里,这意味着要保证人类和机器人之间有共同的语言。比如"稍向左"和"在我上面",机器人和人类都需要用正确的方式做出理解,这样他们之间才可以就一项任务以及某种情况下可能的解决方案进行交流。远

P.46

程操作控制也需要相应的设计，当操作员不小心造成损害时，例如，当移动机器人时由于未能注意到突出障碍而造成机体的损坏，传感器能够及时中止远程操作。大量的可调自主研究集中于安全的远程操作控制，包括力反馈以及三维可视化，为人类操作员提供尽可能多的情境感知。

可调自主在未来的机器人系统中将成为现实，这将意味着在家里或是在街上遇到的机器人将会有不同程度的人类的控制。从完全自主到监督再到直接远程遥控。随着自主机器人控制和对话系统的进步，将会越来越难以推断一个特定的机器人是人类控制的，还是受人类监督的，或是在外跑丢的。在不久的将来，控制方面的进步将会在我们与机器人互动时，为其蒙上一层面纱，隐藏了这是一台自动机器人还是人工遥控机器人的真实身份，也同样遮掩了我们构建一个与我们进行交互的对象的具体模型的能力。

综合

鉴于在结构、硬件、电子、软件、连通性和控制方面所有可预见的进步，我们可以重新想象在 2035 年由众多机器人创新合奏出的新景象。今天任何一个可以从一箱零部件中组装出一辆自行车或组合出一个瑞典式卧室梳妆台的人，将来也可以利用众多的工具包构建出一个机器人。机器人将飞越我们的头顶，跟着我们一起跳跃、快速跑动、上下楼梯、能跑到家里的任何角落。当你在人行道上看到一个机器人时，并不清楚这是由旁边的人、还是数英里之外的人所遥控的,还是由一个完全是数字化决策的人工智能程序所引导的。机器人可以识别出我们,检测我们的视线方向,能听懂大部分我们所说的话。它们可以随意拍照,并立即发布到全世界;它们可以录制我们的话音和声音;人们还可以把它们从低 IQ 的人工遥控机器人无缝地切换成一个高 IQ 的自动机器人。

P.47

今天可拍摄视频的手机已经正在改变公民和政府之间的关系。当一个警察朝着一排示威者脸上发射胡椒喷雾时,所有人都会在线看到这个暴行。没有什么是转瞬即逝的,因为一切都可以记录并分享。对于隐私的期望必须转变,因为在公共场所所做的任何事情都会被抓拍,然后公之于众。由于机器人自动决定记录和发布的内容,所以我们将不得不转变我们对于互联网身份的认识。我们人类将不再是唯一一个记录并在线发布事件的物种。事实上,机器人将不仅是新内容的创作者,它们也会像我们一样忙于消化吸收发布在网上的内容。当你碰到一个有着强大资源库的机器人,从第一印象你很难确定是否这个机器人知道你每天所做的每一件事情包括你所去过的地方以及你与其他机器人互动的方式,或者是否你和它对于对方都一无所知。

这些机器人会是庸俗的,像一只过度热情的狗一样友好;或是完全不知所措,像一只暹罗猫一样疏远。它们或是像人的手掌大小一般,以每小时 5 英里的速度飞行然后停落在树枝上,或是像一根几厘米宽、3 米高的杆子一样瘦长且高挑。机器人会爬树、玩杂耍、擦干净三楼以上楼层的窗

户。它们会在公园里到处跑,跟孩子们天真地玩接球的游戏,但是看上去、听起来却像是一个 5 英尺高,有着 6 厘米长的橡胶牙齿和发光的红色眼睛的暴龙。在郊外演唱会上听到手机响,你会感到很烦躁,但是这与各式各样的机器人以各种方式分散你的注意力,中断和打乱你的计划相比,就会显得渺小得不值一提了。

P.48

如果在自制的公共机器人的蛮荒西部⑥尚有一线希望的话,那就是在 21 世纪早期的混乱的、动画密集的网站大量爆发时我们所做的应对。与设计低劣的网站相对的是设计和人机互动领域充满了活力,这些学科招收并训练不同的个人,教给他们设计方法,使得高效、互动的网站走向了成熟。我希望人机互动以及机器人设计理论能够适应这一情况,引入原理和实践,这将会消除因我们发明创造所产生的机器人雾霾。但充其量这些举动也将是被动而非主动的,就像政府监管、市政分区和法律判例。它可能会在好起来之前变得更糟。

---

⑥　作者用美国早期的蛮荒西部来比喻机器人早期的无序状态。——译者注

3　使人失去人性的机器人

2045 年 4 月,宾夕法尼亚州,匹兹堡

P.49

　　这就是飞行员称之为"晴天"(severe clear)的那种天气,阳光明媚,碧空如洗,像极了加州的那片湛蓝,而这在匹兹堡是很少见的,公园四周的树上也是一片花团锦簇。星期五下午4:00,学校刚刚放学,正好带上儿子去公园一起享受这美好的天气。从我家到蓝色滑梯公园(Blue Slide Park)步行仅需四分钟,那里有着全市最长的滑梯,依山而建,一身锃亮的蓝。我带着贾斯珀以最快的速度沿着滑梯下滑,一只手抓住垫板来减缓他下滑过程中的冲击感,另一

只手则握着手机,提示我别忘了打电话给航空公司,给我妈订机票来看她孙子。贾斯珀知道我一向讨厌看到有些父母虽在公园陪孩子玩却在忙自己的事情,所以我事先已经认真地向他解释了我要打电话的原因。

贾斯珀拽着垫板,指着公园前面的那条街。公园门前的三岔路口横七竖八停满了车,简直是场噩梦。

"老爸,看那辆蓝色的车。"

那是辆无人驾驶的本田轿车,车主启动了自动驾驶程序让它去找停车位。自从这儿有个热狗摊赢得了"匹兹堡最佳奖"以后,似乎所有的人都把他们的车停到这里来,结果我的朋友们在晚餐时间没有一个能在这儿找到停车位。

自动驾驶汽车有足够的耐心到处寻找最好的停车位并互相发送最佳位置的数据,停车位很快就没有了。这样效率很高,却也很荒谬。这辆空无一人的蓝色汽车亮起了常用于无人驾驶模式的危险报警灯,并做着这样的奇怪动作。它完全无视人类司机愤怒的喇叭声,在路上向一侧徐徐移动,似乎是正在平行地停在交叉路口。

我和贾斯珀穿过街道,走近去看这个不同寻常的场面。在汽车前方和旁边的沥青上有些湿漉漉的棕色油漆。像怕油漆有辐射一样,它正巧妙地移动着绕过湿油漆,并继续前进。

"贾斯珀,这很有意思。昨晚我在床上上网看到这个问题。你看到车前方的湿油漆了吗?就在那儿。"贾斯珀点点头。"它看起来是湿的,像刚下过雨。"

P.50

"对,看到了车子是如何不去靠近它的吗?往车里看,现在是有人驾驶还是'机器人授权'?"

"我没有看到人,它是去接人吗?"

"或是,人下车了,它正在寻找停车位,或是其他情况。不管怎样,人们开车时,会用自己的眼睛、耳朵和感觉来驾驶。但是汽车自动驾驶时,使用的是车里内置的专用传感器。当我们过马路时,它们使用激光测距探测到我们,使用摄像机拍摄我们的图像并进行分析,这就是这些车知道停下的原因。那个湿的地方实际上是用了特殊涂料,在油漆里有可以吸收某种光线的微小棱锥体颗粒。它不是真正的湿,只是用眼看起来像湿的。而用汽车的眼睛看起来则像一个洞!它看起来就像是路上有一个会损害车轮的巨大的洞。"

"哇塞!那这个车没看到其他汽车都是直接从上面开过来的吗?"

P.51

"问得好,但这些车都是极其小心的。只要有一个传感器说有问题,它们就会变得非常谨慎。看到那些上山掉头的汽车了吗?我敢说它们也都是无人驾驶的。因为这辆车已经更新了地图,现在所有的计算机都认为这里有路面损坏,所以它们才掉头。"

而此时车子已经设法避开最大的洞,正行驶在错误的道路一侧,缓慢地绕过洞后,终于在它前面开走了。后面的两辆车也是无人驾驶,一个已经打开告警灯并做着同样荒谬的动作。

"但这是谁涂的油漆呢?"

"这正是昨晚我所读到的,社区团体对那些跑来泊车的汽车越来越愤怒,它们使我们的街道非常拥堵。贾斯珀,五年前白天你可以在这条街上随意玩,但现在已经不能在这里骑自行车了。总之,人们很烦这些汽车,所以就有这种新形式的城市涂鸦。我读到的是说在纽约出现了这种东西,但现在在这里也有了!有些艺术家在网上发布如何制作这种涂料。现在,你可以在任何地方画一个洞。它会改变当地的地图,大约一个小时后,道路上的车流量就会少很多。所以它的作用就是减少当地的车流量,当然,这样做很不好。"

"为什么不好?你有没有帮助他们呢?"

这个时候公园的吸引力已经超过了继续看汽车愚蠢行为的乐趣,于是我们准备穿过马路去公园。

"不,我没有。这样不好是因为电脑的更新也会让路面维修队到这里来,而他们来了才发现没有什么需要修的。他们必须烧掉这些油漆、或在上面刷上其他油漆,然后寻找肇事者,因为要让他们赔偿维修费用,让维修队出动的费用是很高的。"

在路上,我伸手去抓贾斯珀的手,才发现手里还握着手机。天呐!我都忘了我本来想打电话给航空公司的。"贾斯珀,我现在要打电话给奶奶订票。听着,呆在游乐场那边,我打电话时从这儿能看着你玩。"

我给客服打电话时,贾斯珀跑向前面的攀岩墙。

"这里是蓝天客户服务,在这里您将得到我们所提供的私人订制服务。嗨,我是鲁比,请问您贵姓,需要什么帮助?"这个私人订制服务真是句烦人的废话。每个人都这么说。他们对"私人"的定义到底是什么?

"约翰·纳克,约一翰一纳一克。老年人,复杂座位安排,要求靠过道座位的具体类型,旅行时间灵活,要求与人类对话。"

贾斯珀已经从墙上爬了下来,我扫视了一下这片区域,大约有十几个孩子站在草地的护堤上,向公园北边望去。贾斯珀也加入了他们的行列,站在左边注视着什么东西。我开始往山上走去一看究竟。

"我是鲁比,我可以帮您完成这些,可以称呼您纳克先生吗?"

"不,不可以。请求人工服务!就现在,接线员。"在过去,只要按四五次9,就会得到人工服务,但现在不一样了。

"纳克先生,请问出发地和目的地城市?"

一开始我以为是场足球比赛,但却不是。只见四五个少年围着一个破旧的单杠,哈哈大笑着。其中一人大叫一声把一根棍子朝左边扔出去,然后我看到一个四条腿的机器人使劲追着那棍子跑。他们开始倒数,"3-2-1!",正当他们数到1时,那个机器人仿佛受到某种力场的作用被固定在了半空中,然后背朝下摔落在地上。

它挣扎了几秒钟,然后爬起来四处扫视,可能是在找那根棍子。我慢慢走向前赶上了贾斯珀。　　　P.53

"哦,得了吧。好,好的,从圣地亚哥到匹兹堡。她右膝

盖不太好，不能弯曲。我需要一个在飞机前部左边靠过道的座位，8月初出发的航班都可以，一共住两个星期，要最便宜的票。"

"纳克先生。是否有兴趣看看头等舱的票？头等舱有非常好的过道座位。"

那只机器狗又回到那个旧攀爬架，我这才注意到有根绳子，他们把一根不知道什么做的绳子绑在它的一条后腿上，不仔细看根本看不出有根绳子。它回来时，孩子们把棍子也捡了回来，又扔了一次，这次把棍子扔到了空中。

机器狗跟着棍子跑动、跳起，但当它跃向空中时，随着一声令人震惊的的碎裂声，它翻滚跌落，落到地面的力量之大足以将它再次弹起，显然它是一个重达五十磅的机器人。这一次，它用了更长的时间爬起来。它的后腿出了问题——走动起来一跳一跳的，很奇怪。

"你好，纳克先生？您需要我搜索哪一类机票？"

现在它是想追加销售头等舱，这太蠢了。"求助，人类，经理！让这该死的机器人去死吧，给我一个活生生的人吧！求助。"

那些孩子们又把棍子直着扔出去，这次扔得很远。机器狗努力加速到至少时速10英里，绳子再一次扯紧。这一次，绳子脱落、机器狗也跌倒了。但它爬起来时才发现绳子很显然并没有脱落，而是腿从它的躯干上被扯了下来。

"我需要人类帮助，综合考虑我的要求，很迫切，现在！"

"纳克先生，我是人工客服。让我来帮助您。我们确实有一个特别优惠的头等舱座位,请让我来帮助您。我也可以看看后面的过道。"

"扯淡!你真像个人,就像给我修车的那个机器人!你P.54
这么笨,怎么会是个人!"

我发誓,我听到手机里传出一声惊呼,很大的一声,这是一个习惯性的反应。我马上挂了电话,我的心脏怦怦直跳,感到很难过。她是个人而我是个白痴!这么做非常愚蠢!

那根棍子又被扔了出去,那些孩子一起欢呼一起大声倒数。"贾斯珀,走吧。这些人……他们有病,我们回家吧。"

* * * * * *

在人-机器人的交互研究中,研究人员经常通过设置心理学实验来观察人类对机器人非常规行为的反应,以此研究机器人和人类之间的关系。当前有一项测量成人和机器人之间的同情心和道德地位的研究,先是介绍一个自主移动机器人与孩子们认识,并和他们一起玩"我是侦探"的儿童游戏。在游戏过程中,实验室的技术人员进来,告诉人和机器人,现在该让机器人到壁橱里去了。机器人抱怨说这个时间选得太不合理了,他们正玩得开心呢。技术人员的态度很坚决,尽管机器人抱怨不断,但还是把它塞进了壁橱里,把它的开关关上,再关上柜门。只剩下那个机器人徒劳

地说着:"我害怕在壁橱里。里面好黑,就我自己,请不要把我关在壁橱里。"(Kahn et al. 2008)。

在另一项人-机器人的交互研究中,研究人员想测量人类可以施加在看似智能的机器人身上的破坏力的水平。他们给了学生志愿者一个追踪手电筒光束的玩具机器人,并鼓动他们花一些时间与它玩耍。学生志愿者们被告知,他们的工作是测试机器人,以证实其基因值得复制。研究者让学生和机器人玩一段时间后,然后宣布说这个机器人不合格,必须予以销毁,并给学生一个锤子,真的要求他"现在杀掉机器人"。然后研究人员通过计算锤子击打次数和被击碎的机器人的最终的碎片总数来衡量破坏性水平(Bartneck et al. 2007)。

这些早期的、非常可怕的研究项目致力于了解我们是如何认识机器人的,将看似自主的机器人放置于我们人类道德、同理心和行动体系的什么位置。而科幻小说中提出的却是个相反的问题。在菲利普·K·迪克的小说《机器人会梦见电子羊吗?》(1968)以及由此改编的电影《银翼杀手》(1982),赏金猎人试图找到并摧毁叛变的复制人——带有机器人大脑的复制人。但复制技术已经非常先进了,几乎无法从人类中区分出这些生物,但他们却是受奴役的系统,道德判断已失效。迪克发明了福格特-坎普夫机器,作为从这个世界中的人类区分出复制人的重要工具。这个机器的工作原理是检测对方审讯期间回答问题时的生理反应,这些问题都经过了精心设计,以检测对方的同理心反应。所

P.55

以小说中人类和机器人之间仅存的差异则是一种情感：同理心。当然，这个故事的过人之处在于它打破了这最后一个界限，使我们质疑人类的人权和自由的范围。但具有讽刺意味的是，在我们今天的现实世界里，研究人员还在忙着试图测定人类对机器人的情绪反应。我们甚至没有理解在一个人类与机器人的混居世界中人类的同理心，更不用提机器人本身的情感特质了。是什么造成了这种形式的机器人无知，更糟糕的是我们不会一夜之间快进到银翼杀手的世界，而是将会有几十年的中间阶段。在早期"襁褓"阶段的机器人虽然在很多方面不及人类，但它们所发挥的用处总能够让一些人受益，所以它们将是社会性的、互动的、并融入到整个社会之中。

P.56

毫无疑问机器人有着便于人类使用的特点，如果我们选择这样做，我们将如何对待这些早期的机器人？我们可以从过去十年间向公众推出的真正自主的机器人的例子进行推断。

我一直记忆犹新的一个经历是我本科时研究的机器人——流浪者，用来探索斯坦福大学中央的四边形砂岩拱廊。我们的目标是创建一个导航程序，让流浪者可以行驶到广场任何地方。为此我们走遍了相应的地方，手工测绘了广场完整布局的地图，包括每一个人行道、路边石、立柱，甚至精确到了厘米级。流浪者的导航软件使用了超声波测量与墙壁和柱子的距离，以估计其在手工制作地图中的位置，然后导航通过人行道到达目的地。行驶过程中，流浪者

用相同的超声波传感器来探测路上的行人,耐心地停住等待或尝试绕开他们,同时继续保持跟踪当前位置。

通常情况下,我们通过一台放在手推车上的台式电脑与流浪者进行通信。我们的办公室在二楼,所以在手推车和办公室之间有一根长长的连接线,并且几乎机器人走到哪里线就要跟着扯到哪里。在这如诗如画的校区里,总会有许多人徜徉其间,所以我们要一天数十次地解释我们的研究,以至于我们的解释都变得非常简要且熟练了。

P.57

有一次,我们让流浪者的导航达到了极限,告诉它的目的地有几栋楼之远。我们的推车在它的出发点附近,后来机器人已经驶出了我们的视线。与项目组同事本·杜根聊了一会儿后,我决定到拐角那边去查看一下机器人。我看到了走廊尽头的机器人——那个两英尺高的黑色圆柱体,头上还顶着一台 PowerBook150 笔记本电脑。还有两个人站在旁边——一个穿着牛仔靴的高大男人和一个女人。我快步走向流浪者,当距离 25 米远时,我才发现他们在干什么事。那个女的挡住机器人的路,让它停住,然后那个男子在侧面狠狠地踹机器人。他用的力气够大,每踢一次,机器人都会倾斜并努力地修正。

我赶忙跑过去。当我靠近他们时,他们就走开了,那个男的还沾沾自喜地说:"还是我更聪明。"在我们的所有程序中、所有用 LISP 编写的障碍物检测逻辑中,我们从来没有考虑过还会出现有人会踢机器人来向女友炫耀这个情况。这是一个转折点,这使我认识到,机器人可能会激发出人类一些非常奇怪的行为。

我的第二个个人经验源于我们设计的 Chips 机器人，这是一个在卡内基自然历史博物馆里运行的自主导游机器人（Nourbakhsh et al. 1999）。在 1998 至 2003 年间，Chips 负责恐龙馆的多媒体之旅，播放古生物学家和挖掘地点的视频。同时在博物馆围绕着巨大的暴龙标本进行导游，讲解墙壁上的骨头和其他展品的相关细节。Chips 又高又重，高超过 2 米、重达 300 磅，因此在这个到处是儿童和婴儿车的地方，它的安全性至关重要。其导航系统的设计是：当其路径中有任何障碍时，它便立即完全停止，并通过其扬声器说"不好意思"。 P.58

但在其部署的头几个月中，我们一次又一次地发现 Chips 遇到了同样的情况。孩子们会跟着机器人跑，就好像它是一个花衣魔笛手，他们认真地看它的视频，享受着这个身材高大却有着一张卡通脸的移动机器人。成年人则会在机器人面前跨出一步，看它突然停下来并说"对不起"，然后它就在那里面带微笑地傻等着。机器人就在那等啊、等啊，最后那些跟着机器人游览的人却等得不耐烦了，转而离开去找更好的去处了。

我们再一次天真地认为"对不起"的意思就是"请给我让让路"。通过实验发现，当一个机器人跟一个人说"不好意思"时，人们往往会理解成："嘿！人类小伙，你有权力阻止我。这太酷了！赶紧来玩我吧。"

解决 Chips 被虐待的问题，根据事后经验，就是做了一

个简单的措辞变化,把"对不起"改为"对不起,你挡住我的路了,为了能让我后面的朋友继续游览,请让一让好吗?"结果就明显不同了,那些阻挡机器人的人,听到它的话后,尴尬地看看机器人后面的人,马上就把路让出来了。

我第一次发现这么一种方法,能让人们如此地尊重一个机器人。我只是把机器人身后的人拉入了社交行列,使得挡路的人由于人类兄弟姐妹的缘故而表现得更加有礼貌而已。

因此,有这么一个可能:当机器人加入了人类社交的元素时,即使是笨拙的机器人也会受到人类善待。但是当机器人自己外出活动,呈现出自主性,并与人类的社会结构相脱离时,情况就大不同了。

P.59

法律条文则可能会是提示关于人与自主机器人糟糕互动的一个地方。2011 年,在谷歌的推动下,内华达州通过了立法,以便尽快使自主汽车能够合法地在州高速公路系统中行驶(State of Nevada 2011)。谷歌的自主驾驶汽车目前在加利福尼亚州行驶已超过 20 万千米,因为那里的法律没有明确禁止机器人驾驶车辆。然而内华达州的立法以及现有的法律机构都没有预见到变化的多样性——法律界限、人的行为以及在道路上的机器人汽车相互交织所呈现出的多样性。2011 年 8 月,汽车博客 jalopnik 爆料出谷歌自主汽车的一个车祸消息。谷歌发表声明称,这起事故是由驾驶谷歌汽车的人所造成的,他当时正在采用手动驾驶。但是,这引出了一个问题并需要做出回答:当机器人和人都负有部分责任时,将如何追究? 2010 年丰田普锐斯的刹车问题和 20 世纪 80 年代声名狼藉的奥迪 5000 倒档事故,证明了人与复杂机器互动会导致复杂的故障。在以上案例中,这些公司最初都完全归咎于人,然而最后都重新设计了他们的机器,以保证更安全。即便人们与智能的机器一起工作,也难免会发生事故。然而其后果的责任却是模糊的。

　　本章中的小故事则讲述了当人类和机器对立时所产生的更糟糕情况:虐待机器人方式的创新。甚至当机器人属于他人的财产,对机器人的侵害也是对他人财产的侵害时,社会壁垒对于这样的侵害也是无力的。我们可以相当肯定,早期的机器人,无论是汽车还是公园里的玩具,都将很容易被人类粗陋的花招所欺骗,而且会有很多人会跃跃欲试地去试探这里法律模糊的界限,以一个机器人的代价来娱乐自我。把机器人放出户外的大门终将打开,任何规范人类与机器人关系的法律必然都是发生各种意想不到的副作用后,事后应对的结果,而不是高瞻远瞩事前设计的结果。法律将无法为良好的人机关系做引导。 P.60

　　如果不是法律,那么道德将如何呢? 去年我开设了一门新的机器人与伦理的课程,并邀请约翰·胡克教授作为特邀演讲者,他专门从事现代商业伦理的规范化研究以及对历史的商业行为进行分析。当被问及有关规范人机关系的道德要求时,他借鉴了一个奴隶制的历史性分析,并指出奴隶具有**代理人**(agency)的特征的观点,这使得不把奴隶当作为享有充分权益与特权的人来对待是不道德的(Hooker

2010）。

代理人这个概念在历史上关于人权的辩论中确实有着强大基础，这个术语也经常用于设计和机器人学领域，用来指代已开始呈现出决策能力的人造物。**人类代理人**的正式概念需要两个条件：一是做出选择的能力；二是在现实中执行此选择的能力。所谓代理人就是做出决策及执行其随后的行动。按照康德人权的意志理论，人必须要有一个不可剥夺的权利（inalienable right）以实施控制——通过决策、并有贯彻执行的权利以实现他们的意志。按照这个标准，奴隶可能是最不公正的非人化方式之一，因为代理权已经从那个人身上剥离出来，有了代理权，奴隶才有了行动的授权及对自己的行动负责。

P.61

将代理人这个概念扩展到机器人，胡克在我的课上提出，只要人们将一个机器人看做是代理人，那么从道德的角度来看，人必须给予机器人与人相同的权利。他的分析是有趣的，因为其中人类代理人的观点，要远远超过机器人实际工作的情况。胡克教授的观点并不是说机器人等同于人类。但是，如果我们开始认为机器人具有代理权，并不公正地对待那些机器人，那么我们将是不道德的，而且这也将与我们自己的道德宪章相背离。

虽然在人工智能面前思考人类行为的伦理问题是一种挑衅，但此种场景起码也要在数十年以后方能出现。在极端情形下，我们会在不久的将来发现这个分析问题多多。早期的自主机器人将会呈现出代理人的迹象：它们将有目

标,并努力去实现这些目标。重要的是,它们将在现实世界
中自己制定这些目标,这也正是这些机器人与基于计算机的
软件代理人的区别。但这些早期的、嵌入式的机器人在许多
方面也将明显逊色于人类,包括从感知世界到学习与适应的
能力。我们会把这些机器人看做是人类级别的代理人吗?当
然不会,它们将为我们工作,我们会视它们为个人财产。

那么,伦理与现实分析的碰撞将会产生一些问题。我 P.62
们将这些创造物视为个人财产,但随着时间的推移,它们会
表现出越来越多的代理人特征和类人性格,这是我们有史
以来创造出的任何东西或驯服的任何其他生物所未曾有
的。现在的问题是,我们对待机器人的方式会不会改变我
们的伦理平衡?我们的原则会不会被我们先要买到最聪明
的机器人奴隶的欲望所颠覆?而这些会不会影响我们对待
他人的方式?有没有一种危险,即我们与机器人间的高功
能(high-functioning)社会互动所采用的理智方式,会破坏
我们人与人之间的高功能社会互动方式?也许有人会说不
会。父母可以花费无数个日日夜夜与他们的三岁宝宝说
话,但仍能正确地跳回到成人间的谈话,并很乐意能有个机
会与成年人说说话。宠物主人可以与狗狗建立起有意义
的、深厚的感情,但这种跨物种的关系也没有对人与人之间
的关系带来负面影响。在《喧闹的孤独》(*Alone Together*)
一书中,雪利·特克认为:我们对机器人玩具的感情以及我
们对肤浅却广阔的网络的沉迷,会对我们的自我认同以及
我们现实世界中感情的深度产生深刻的影响(Turkle

2011)。得益于日常生活中随处可见的新形式的互动技术，我们彼此之间面对面的交流方式已经变了。

　　但在未来 20 年间，当我们通过机器人代理人来处理我们的诸多日常事务时，将会如何？我们将与机器人交谈以购买飞机票、预约晚餐，也会和机器人机械师争论遗漏的杂费账单或汽车的故障。这些机器将会把与我们的关系提升到一个新的层次，而我们却还在忙着去理解一个玩具机器人是如何扭曲我们的。

　　这些新一代的机器的"人格"将是先天分裂的，时而自主、时而临场遥感、时而直接受控于真实的人，尽管我们会清楚地认识到我们是在与低等人类打交道。但我们会发现自己与机器人谈判和争论的所有方式，都会同样地渗入到与人的谈判和争论中去。当我们所交谈的对象在人族和机器人族之间改变时，将如何灵活地改变交往的方式，这将考验我们作为人类的能力。我们所面临的危险是与机器人庸俗的交往将如何更广泛地毒害我们的社会习惯。

　　对战争的历史以及实验室心理学细致的研究均已证明，当我们将其他的人视为非人后，我们就失去了进行残酷折磨和伤害的道德束缚。但我们却从未有过将一种深度社会化的非人类物种非人化的经历。如果发生了这种情况，那么我们将面对科技的一种奇怪副作用：当我们一刀切地把我们与机器人的关系非人化后，我们也可能会把与人的关系非人化。

4 注意力分散症

2050 年 9 月,华盛顿特区、加州旧金山、巴黎杜乐丽花园、英国切达峡谷

"说实话,我只是认为他们需要你亲自到场是愚蠢的。" P.65

"亲爱的,这是出庭作证。他们总是要求本人能亲自到场。另外,我们会赚大笔的咨询费用,一个小时的咨询费就是'机器人旅行'的十倍呢。"

"我只希望我们两人能在水库公园散步,你通过机器人去应付他们就行了。"

"可以,但我们还想在巴黎待一个小时,对吧凯蒂? 所

以，这就是生活。"

"那么，明天有什么事呢？你什么时候回来？"

保罗一直在立体声模式下，用两只耳朵来听他的妻子讲话。他不喜欢用双听觉模式，在那种模式下，两只耳朵会在同一时间收听两个不同的会话。他的代理机器人知道这一点，于是振动他的右口袋通知保罗它需要帮助。视频眼镜在他的视网膜的一角闪烁着一条消息——需要帮助：朱莉娅。

"我说保罗，你什么时候回湾区啊？"

P.66　代理在保罗的眼睛里闪烁绿灯，确认它可以自主处理这个问题，这时保罗弯曲右手拇指、选择了自动完成。这个在半空中的微小手势通过他的袖子被捕获，如同他在一个便携式键盘上打字一般。他听到代理通过数字重建语音开始回答凯蒂，"让我看看飞行时间，嗯……"很好，保罗转动右手选择切达峡谷的视频和音频。当朱莉娅说话时视屏已经锁定在她的脸上。

"没错，保罗？我是说，他是一位投资银行家，虽然你比他更有趣。等一下，出问题了。"

"哈哈，朱莉娅，你跟他一起时真的感到快乐吗？你是一个聪明、漂亮的女孩，满世界地去攀越悬崖——亲自爬！不要就这么定下来了。"

"老天，又在老生常谈了。我是在和你的代理说话吗？开个玩笑。哦，看这个。你把开关拨到人工行为了吗？不要骗人！"

保罗通过移动他的头来扫视岩壁,摄像头在远程复制他的动作。他把机器人定在 5.10c,非常好。他用手势在空中点击两个把手,在左眼角上的'特殊操作'菜单中选择'自动-攀岩'释放了攀岩机器人,然后向上旋转相机,看了看朱莉娅,她的状态很好,朱莉亚在他的右上方,他可以看到她为了下一步的行动将身体一部分塞入岩缝并向下瞟了一眼他的机器人摄像头。

"嘿,看岩壁! 不要作弊,看看我用什么扶手。这不公平!"

"5.10c。说实话,朱莉娅。我很抱歉,我不能亲自在这里。真糟糕!"

"你下次会补偿我吗?

"当然,但你知道凯蒂,她大小事儿都会吃醋的。"

"即便是一个机器人拜访? 得了吧,我认识你比她还早。"

另一则通知发出振动并弹现在他的右眼——**巴黎的凯蒂需要帮助**。他用手指选择'自动完成'并将手旋转回到巴黎。巴黎的视频变回到全尺寸,但在用手势确认切换之前,他要去告知朱莉娅离开一会。 P.67

"嘿,朱莉娅,我要打个电话,关于出庭作证的事。"

保罗并没有等她回答,没时间了,点击确认并完全进入到巴黎。

"好了,我都等不及了。想想吧。哦,看他多么可爱,还有小酒窝!"

机器人一定是已经很好地理解了凯蒂的话,知道它应该一起去看看。它朝着凯蒂的机器人所注视的地方望去,看到一个蹒跚学步的小孩,光着身子,在一个浅浅的喷泉里边走边笑。

"好美,好可爱!凯蒂,我真的很喜欢在这里散步,让我头脑清醒。"

"嗯,我为你特别准备了一个保持清醒的秘方,在明天下午6:00,就像你说的。"

又一个振动来了,代理需要关于朱莉娅的帮助。

"亲爱的,我渴了。不介意我在这儿找个咖啡店吗?在这里,每个街区大概有10个咖啡馆。"

"当然,你去吧。我在后院喝薄荷茶呢。这里的天很蓝,我给你发一个快照。"

保罗在专项动作里选择了**并肩行走**和**自动完成**,然后单手旋转闪出了巴黎。他没有选择切达峡谷,而是将左眼的透明度从50%调到100%,然后环顾四周。这儿真的有一大堆咖啡馆,都是由相同的 Portland-comes-to-D.C 的主题变化而来。他走入一家并排上队,闪回到朱莉娅攀岩的画面,并努力快速浏览显示在左眼的在过去两分钟内代理的谈话摘要。

"那是什么,朱莉娅?"

"我只是说,这证明了我们只能做普通朋友。"

"不,你说的完全正确。我只是觉得凯蒂可能在大学时有过不同的经历。也许她从未有过一个完全正常的男性朋友。"

保罗再次向上转动相机,朱莉娅看起来甚至比去年夏天还好。他抓拍了一些图片,存在他的图片库里。

"有个叫库尔特的家伙,我以前跟你说过他吗?在新生宿舍时,大家都以为他是整栋楼里最令人讨厌的家伙。但有一点——他是一个了不起的攀岩者,所以我们花了很多时间在室内健身房里互相为对方系好绳子。你一旦走进健身房就会知道,他是个很不错的人,像一个专业人士专心致志地攀岩。但每当你在宿舍里或其他地方看到他时,他就像变了个人,处处惹人厌,说话大声,笑声刺耳。所以,我最终觉得……"

当保罗排到队伍最前面时,再次点击自动完成,并把注意力集中在他的左眼的透视窗口——咖啡厅内部。

"你好,请来一份干式单卡布奇诺和杏仁饼干。放那儿,谢谢。"

他漫步到院子里,在一个空桌子边坐下,伸长脖子,等他的咖啡。朱莉娅一直在讲他的事,所以他切换到凯蒂。

"嘿,我们在玫瑰花旁的长凳上坐一会儿怎么样?那儿不是你第一次告诉我你有飞行问题的地方吗?"

"哦,得了。好吧,我们坐那儿看看。你还记得之前这有很多可笑的狗吗?"

"哦,是的。即使是在餐厅,还记得吗?"

保罗选择了目的地面板并发送给两个机器人慢行到那儿的指令。

"保罗,亲爱的,我妈妈来电话了。她用了**非常紧急**模式,等我一分钟。"

P.69
保罗环顾咖啡厅并将巴黎的界面调为静音模式,在他的旁边有一个女孩,没有戴平视眼镜,也没有戴耳机。她的脖子后面纹有一个他不认识的符号。她的画板放在桌子上,有一片叶子固定在画板上,她正在用铅笔素描那片叶子。也许她是个植物学的学生。

"对不起,你好,我可以问你一个问题吗?这个图案我不认识,是汉字吗?"

他从背后就能看到她的颧骨在动,知道她在笑,又见她摇摇头。

"你听说过 symbox 吗?这是我为它设计的符号。"

"非常酷。我在《纽约客》里看过一些,这是一个物种的分类,对不对?"

"不,这是显型的表示符号。你懂生物学?我提出用它来表示恒河猴,并被接受了。"

"嗯,那么,我猜你还是一位植物学家。对不起,在其他的座位我可没看见有画叶子的素描者啊……"

凯蒂又喝了一口薄荷茶,并再次尝试与她母亲讲道理。

"我要说的是,如果不急,你就别把信息标记为紧急。如果以后真有紧急情况,我怎么知道?就跟喊狼来了一样,妈妈。"

"凯瑟琳,如果我不这样,你就只会让我留言或跟你的代理说话。亲爱的,我真的希望你和保罗能来过感恩节。

你就答应我吧,我会和你们的代理安排好一切。"

"妈妈,我们当然会在那里,就让我们用机器人吧。坐飞机来回跑太浪费时间。"

"这不一样,凯瑟琳。我们用机器人交谈得很好,但我希望你们能品尝晚餐。已经整整一年了。"

"我会跟保罗说的,但是,拜托,如果我们能够让机器人去那里、睡在自己的床上,并且有一些时间在一起,那各方面的压力会小一些。妈妈,真正重要的是我们有时间在一起聊天、共度时光,请理解我们。嘿,妈妈,他们现在有一些机器人甚至可以坐在饭桌旁、陪你吃饭,我们在餐桌上做的事情,它们都能做,我们甚至可以通过它们致祝酒词。" P.70

"凯瑟琳,这是我听过的最愚蠢的事。那你为什么不随便派个人到家来吃我做的东西呢?这有什么用?"

"妈妈,我们会完全参与饭桌上的活动的。那种感觉真的很不错,我上周在新泽西州岛和朋友吃午餐时试过了。"

与此同时,保罗收到提示,朱莉娅的独白已结束。他将音视频都切到切达峡谷,并跳过阅读代理为他准备好的总结。

"那么,你最近有他的消息没?"

"你的意思是从上周碰到他以后?咄,没有。我花了两天时间从智利来到这里,如果我在这儿看到,那就意味着他在跟踪我。"

"对不起,我是说不要紧。哦,那你觉得这儿的风光如何呢?"

保罗的机器人和朱莉娅都坐在了峡谷的山顶,欣赏风景。

"难道这不能给你一个全新的视野吗? 每次我爬上高峰都会感到更加平静。就像驾驶飞机一样,当你高高在上,你就不会深陷于自己的问题之中。好吧,他是我见过的最好的投资银行家。除了'是'或'不',我还能对这个求婚说什么呢? 是否还有其他选择? 教教我,教教我! 你在这个问题上已经躲了凯蒂多久了,有 3 年?"

代理提示:代理无法自行建造凯蒂所需要的答案。纹身女孩已经转过身来,正目不转睛地观察着保罗的脖子和手指的动作。而他必须用手在空中戳来戳去,这肯定看起来像疯子一样。他切换回来听凯蒂说话。

P.71 "又是这样,每次她都用紧急模式。我的意思是,对她而言只是不安。对不对? 保罗,哦,我这是在和代理说话吗? 不要这样对我,保罗,这很重要。"

纹身女孩非常不合时宜地说:"你那个东西用得真不赖,你同时在用两个机器人吗? 这个我以前倒从来没有见过。"

保罗朝她傻笑了一下,然后回答凯蒂。"这又是暗示要真人拜访的旅行?"

他在麦克风菜单上点击静音,用他的左眼看着纹身女孩。

"两个机器人,一个呼叫。我被困在这里,我现在宁愿是在攀岩。"

他说话时,听到右耳里凯蒂的回答,"是的,当然,保罗,十一月。"

"那你是个商人吗? 它有安静下来的时候吗? 你曾经有过一次只在一个地方的经历吗?"

他脸色恼怒,耸了耸肩膀,同时取消巴黎的静音,这样他就可以对凯蒂作出回应。

"你有没有告诉她我有工作? 我们可以让机器人陪他们,同时做我们的工作。这是安排探访的最佳方式,而且你也没必要非要飞过去。她说什么时候?"

"感恩节。我说了十一月,保罗。多上点儿心。"

"好,就像去年那样,一切都很好。我们会送他们一束美丽的鲜花,摆在他们的桌子上。"

"保罗,我们真的应该每过一段时间就亲自去看看他们。"

他沮丧地切换到朱莉娅的界面。

"朱莉娅,你是一个充满活力的美丽女孩。看,现在你差不多就在世界之巅了。微笑接受吧——告诉他你喜欢和他在一起,你喜欢冒险。这会让你看起来更具神秘感,而且对他也有感觉,所以他不会走开。"

P.72

"但我是想和他继续呢? 还是一刀两断? 我搞不清楚。"

和朱莉娅说话时,他为凯蒂想了一个好的解决方案。他切换回法国。

"凯蒂,你看这样——我会在早上安排一个会议,所以

非常清楚,我们没有时间去飞,但我们有时间在感恩节晚餐时聊天。很完美吧?"

纹身的女孩还在盯着他,他报以微笑,关闭了所有的视频和话筒,但选择了'混合所有'选项打开了所有的音频线路。

"今晚我还是要在个真实的地方吃饭,现场的,你曾经吃过的其中一家吗?"

"不可能——租赁计划不明智。"

他的右耳听到凯蒂的声音。"好的,万能先生,去安排会议吧。我会告诉她你有一个会议,撒个小谎。"

"我有一个提议——有一家餐厅,能让你拥有多种体验。你今晚有计划吗? 对不起,我还没问你的名字。"

"马利克,你呢?"

"保罗。"

现在轮到朱莉娅了。"保罗,你说的有帮助,但帮助不大。嘿,我有一个想法,你为什么不见见马特然后告诉我你是怎么想的? 今晚我们三个可以一起喝一杯。"

"对不起,朱莉娅,我今晚有安排。"保罗回头看了一眼马利克。

"这样如何? 我们在那儿吃饭,同时用机器人到郊外一个花园看看,那儿是这些菜谱的原产地。这可真棒,我们可以用我的帐户。你今晚有空吗?"

"嘿,我还以为你在华盛顿特区呢,凯蒂是否知道你今晚有计划了? 告诉我点儿好玩的事吧!"

"拜托,朱莉娅。那是生意,那始终都是生意。" P.73

"好了,当然行。我觉得我不喜欢机器人。我就是那种勒德分子①你看,我用的是真正的铅笔。我敢打赌,你从未有过。"

"朱莉娅,我们准备下山吧?"

"不,我们垂降下去吧!"

"好吧,你先来。女士优先,女士优先。"

"难道我们要走回正门吗,亲爱的?我想属于我们的时间很快就要结束了。接下来你要做什么?"

"做准备,准备明天的面谈。必须确保我的答案始终保持一致。"

保罗在两个代理上都点击了**自动完成**,将巴黎的机器人的导航目的地设为花园门口,切达的机器人设为**自主-登山运动**模式。

"马利克,这将是一个新的冒险,我也是一个勒德分子,按照我自己的方式。"

保罗的卡布奇诺来了,非常完美,上面是近乎巧克力的黑色。他喝一口,身体前倾,微笑看着马利克。马利克把她的椅子转过来,面对着他,手中仍拿着铅笔。"这样行吧。"

---

① 勒德分子,19世纪初英国手工业工人中参加捣毁机器的人,指强烈反对机械化或自动化的人。——译者注

✳ ✳ ✳ ✳ ✳ ✳

人类一直以来都在进行多任务。我们总是同时做尽可能多的事情,我们牵着手,边走边嚼口香糖,同时还要找零钱买冰淇淋。在认知方面,我们也喜欢同时进行多任务:浏览餐厅的菜单决定晚餐内容,与朋友谈论邻座的夫妇,瞥一眼桌子上的智能手机,看看谁通过电子邮件发送了最新的紧急请求。机器人将显著地改变我们同时做多件事情的方式,一方面是因为它改变了我们与通信技术的关系,另一方

P.74 面因为它扩展了我们身体所能及的物理限制。在当今机器人研究中有一个丰富的课题,研究如何延展人类在认知和身体所能及的范围,即所谓的城市搜索和救援(USAR)机器人学。

城市搜救存在的前提是灾难永远不会消失,无论是天灾还是人祸。其直接后果在很大程度上是相同的:人被困在不稳固、随时可能出现危险的灾区,在低温和受伤导致死亡前必须争分夺秒努力抢救伤员。灾难地点不再有准确的地图显示——任何高楼的蓝图都会突然间变得过时。此外,要考虑现场的空气和化学状态——可能会缺氧,有酸性物质,或有易燃液体,加大了进入灾区救援人员的危险。剩余的管线槽隙和通道对于救援人员可能会太狭窄、太不稳固。事实上,在这上面行走可能会导致进一步的崩塌从而导致下面被困人员的死亡。

所有这些状况使得城市搜救不得不采用定制的救援机

器人,这些机器人将被立即部署到出事地点、找到路径、映射结构、并找到受害者。这些机器人可以联络受害者,让他们知道救援正在进行,为他们提供水和食物,甚至与外面的救援人员建立直接的通信联系,使他们能够评估伤者的健康状况,定位最需要救援的人,并首先为他们提供大规模的救援。满足这些需求也要求机器人具有精巧且复杂的功能,许多研究小组都在努力试图提供适合城市搜救作业的机器人(Linder et al. 2010)。有些机器人的行走方式像坦克,有些则有腿,使他们可以爬上废墟,甚至可以穿过细小的裂缝。不过,其他城市搜救机器人的原型是长长的动力蛇,头上带有灯光、摄像机和环境传感器,能够通过视觉、热信号甚至是二氧化碳呼吸排放检测到被困人员的存在。

P.75

科学家们在城市搜救机器人的硬件和电子方面进行着卓有成效的努力同时,与之同时进行的还有一个同样重要的研究方向——人机交互,众多机器人学和人机工程专家在进行这一方向的研究。救援人员在确定一个灾难现场的状况以及处理与受困者的首次接触方面有着丰富的经验和技巧。互动专家使用仿真器甚至实际的、人造的瓦砾结构来设计和测试受灾现场之外的救援人员如何控制并与受灾现场之内的城市搜救机器人进行通信(Lewis, Carpin and Balakirsky 2009)。部分人类因素研究与人类"登录到"机器人的方法相关。由于操作者没有亲自到达该目的地的完整的经验线索,那么他如何用机器人的眼睛来快速地建立态势感知并评估情况? 全景可视化、投射到平视显示器的高

保真图像,以及附加的传感器信息,如温度、坡度和环境噪声都被共同运用使操作者有足够的临场感以做出正确的决定(Lewis and Sycara 2011)。

由于机器人与人之间存在的复杂关系,所以这项研究是非常有趣的。机器人的最大优势是可以不像人那样来运动,因此,由人类直接遥控机器人是非常低效的——我们不是蛇,因而也不善于操纵蛇的脊椎。然而,人类却可能拥有重要的直觉,知道蛇该往哪个方向走,在一个建筑物里哪里会有被困者。因此,在舒适工作环境里的操作员可以不时地向机器人下达一般性指令,而机器人必须主要依靠其自主能力在废墟中爬行。

P.76

早期的城市搜救仿真测试表明,只负责一个机器人的搜救人员耗费了她大部分时间在等待机器人到达目标位置上,这种对时间的浪费,在真正的灾难条件下没有人能承受得起。目前一个最明显的改善,也是此类研究目前所致力于改进的,是每个救援人员管理一组救援机器人,每个机器人半自主地在灾害现场进行探索和搜寻。现在,人类的效率远超从前,这一组机器人代理,使人类像一个多触角的生物一样高效地深入到灾难现场。

在城市搜救中,关于由一个人类操作员有效控制的机器人数量,有一个正式的术语称为**扇出率**(fan out)(Steinfeld et al. 2006)。但讽刺的是,当前的现场机器人(field robot)却有着非常低的扇出率。例如捕食者级别的无人机,这种在遥远的国度为美国进行代理战斗的无人机,其扇出率却小于 0.2。也就是说,在任何时候都需要超过 5 人来管理 1 个机器人。在城市搜救中,通过增加机器人越来越多的自主性,已经开始展现出研究人员不断地增加扇出率——已超过 6.0。操作人员只负责最重要的战略决策,让机器人决定所有的战术选择。这个成功的关键取决于机器人的一项能力,他们需要知道何时应该寻求人类的帮助——当他们面对一个幸存者,或被困在废墟中的路上而不能自拔,或是在机器人已经发生了严重的硬件或软件错误时。虽然这些机器人仍不时地需要帮助,但这种决定何时寻求帮助的"智能推理"意味着一个人可以管理更多的机器人,以达到较高的扇出率。它们需要的并不是完全的自主性,而是在需要时能够主动寻求帮助的能力。这减轻了打造完美机器人的压力,而且够用就好的机器人可以在一个城市搜救队伍发挥重要的作用,因为人类将会去弥补机器人的能力与现场需求之间的差距。

P.77

城市搜救机器人研究是一个相对年轻的领域,并仅在十年前开始举办全国性的赛事。在那段时间里,城市搜救机器人的研究在两个方面取得了重要的进步:一是机器人的本体建造,它能够对灾难现场进行有意义地探索;二是在人-机可调自主接口方面,可实现更高的扇出率并对建筑及其中的居民作出非常快速有效的评估。这一切拓展了我们在机器人的帮助下一次性探索多个空间的能力。

当然,我们对多任务辅助处理的技术也并不陌生。在计算机科学中,不同的思维过程或模式之间的快速切换被

称为上下文切换。在计算机体系结构中,上下文切换是我们让计算机同时做很多事情的关键——复制文件的同时检查新邮件,并检查刚插入的 USB 存储器无病毒。由于每个通信行为变得更小、更浅,处理更快,通信技术使我们能够永无止境地实现更多更快的上下文切换。手写一封信件可能需要数分钟,然后是数天的等待,收到信后要花数分钟来阅读,中间可能还需要喝杯茶放松一下。电话则加码升级,可以在半小时内与不同的人多次对话。你可以同时进行三个非常不同的谈话,并在三个互不相关的情绪状态之间切

P.78 换。电子邮件将上下文切换时间减少至 20 秒,而超级电子邮件用户每天可有效地分发数百封电子邮件。即时消息、短信和推特都加速了人类的上下文切换,因为处理每个信息只需要几秒钟。所有这些技术都明显提高了我们的生产力,然而往往被忽略的成本是每次交流行为都更肤浅,更不值得花这些时间来读、写以及花时间来回应。诺贝尔经济学奖得主赫伯·西蒙阐述了一个观点:注意力,而非信息,是我们现在稀缺的资源。信息和交流现在是很充足的,以至于我们个人所面对的挑战是如何将我们有限的注意力分配到有价值的事情上。每个企业面临的挑战则是说服我们去注意能使企业产生经济收入的信息。但我们还有另一个短板,即我们"臂所不能及"的物理现实:我们对世界的影响是有限的。我们不能越过遥远的空间去拥抱祖母、将盐撒到结冰的车道上、喂小孩吃饭或是调暗灯光。

在机器人学中,城市搜救这一类机器人的进步带来的

是物理扇出的概念：人们进行上下文切换，不仅用于处理文本信息、还用于在不同的地方出现。更重要的是，假设机器人具有一定程度的自主性，使得你个人的扇出率可远超出1.0。假设你的寿命不是以活的时间长短来衡量，而是以体验尽可能多的生活的非凡能力来衡量的，于是一个拥有 40 年成年生活体验的人，如果其扇出率为 5.0，那么他就等于拥有了 200 年的成年生活体验吗？当然，物理扇出，就像信息一样，将进一步使我们过载。由于信息量大，以及到别处甚至是任意地方的机会过多，注意力将非常稀缺。

P.79

一个人公司的 CEO

至 2050 年，将会出现具有明显人类身体机能的机器人机械。机器人将能够走到人所能及之处，他们将能够至少像人类的手那样灵巧地操纵对象。从机械的角度来看，我们即将接近此要求，机器人可以用很高的保真度来拓展人类的物理存在。然而，如果需要一个人全身心、实时地操作该机器人，那么身体扩展的好处将非常有限的。但是，这种直接控制将是不必要的。到 2050 年，任何有形的设备所获取的感知和认知的智能将会有同样的进步。机器人将能够处理日常活动的电机控制细节，如散步、跑步或操作家庭中的一个物体。在认知上，对话系统将能够跟踪并标注人与人之间的对话，并使用人类的语言直接进行谈话。视觉感知将会发展到这样一个程度：无论在自然世界还是建造的世界，识别一个物体都将不再是一个问题。

得益于通信技术的进步，人机界面系统将会出现在我们今天难以预想的空间中。应注意到将自己沉浸在千里之外现实世界中的听觉世界、视觉世界、或许甚至是触觉世界中，实际上是将我们插入到彼此的生活中进行社会和商务拜访，认识到这一点就足够了。如果机器人开始为现实世界与互联网世界架起桥梁，那么物理实现的、家庭功能的机器人将开始连通起我们身体所在的位置。"在那儿"和"不在那儿"的界限将变得模糊；在我们的文化体验中，我们在某个时间在某个地方将比以往任何时候变得更没有意义。在我们所达之处，都能感受到这种身体上的新模式所带来的兴奋感与焦虑感。与 Skype 公司、Face Time 以及其他所有将图像和音频源放置在桌面或移动设备里的通信门户网站不同，这次的空间旅行者会从桌面或移动设备中解放出来，并按照自己的意志拉回遥远的世界，更为真实地与当地人分享物理空间。

这三个关键成分相结合造就了这种模糊身体特性，使得人们能在其中与世界互动：身临其境的人机界面系统，物理机器人提供的空间拓展，以及这些机器人提供的无缝可调自主性。这三者的结合意味着一种未来，人们不只是进行上下文切换，而是同时经历多种生活，这得益于机器人能够充当代理来部分参与每一种生活。机器人陪我的朋友散步，在需要我加入时向我报告。机器人 AI 智能体替我完成了一个谈话，因为关键部分都已谈完，现在的话题只是简单

P.80

地安排下周的午餐约会时间。我不在的时候,机器人陪我的妻子一起跑步,而我可以在旁边陪着她聊天,即使我一半的注意力是在会议报告上做介绍。

如果这种情况听起来很牵强,那么请注意,在 2011 年 10 月苹果首次发布装有 Siri 的 iPhone 4S 时,Siri 这个个人数字智能体已经在朝着完全使用通俗的英语口语来制定日程和安排晚餐的方向迈进(Apple Computer 2011):

你只需要用你平时说话的方式去要求 Siri 做事情。Siri 能听懂你说的话,理解你的意思,甚至能和你对话。Siri 非常易用且功能强大,你将会不断发现越来越多的新的使用方法。

这个数字智能体已经远不仅是一个精密的语音输入键盘。苹果公司声称,它足够聪明会不断向你提出问题,直到它理解了你所给的指示。这便产生了代理的早期形式:

P. 81

Siri 是积极主动的,它会问你,直到它明白了你正在找什么。

Siri 智能体很大程度上依赖于 Web 服务,并将这些 Web 工具与基于 GPS 的位置信息以及所有用户的个人信息结合起来,这些信息可通过每一部智能手机的应用程序无缝获取:

使用定位服务时,它会查找你住在哪儿、在哪儿工作,

以及现在所在的位置。然后它会根据你当前所在位置向你提供信息以及最好的选择。从你联系人的详细信息中，它可以知道你的朋友、家人、上司和同事。

这最后一点是发人深省的，它将 Siri 的概念从一个简单的新奇事物变成一个拥有实际权力的智能体，并掌握有数量大到令人畏惧的个人信息。我所有的联系信息、我所有的位置，以及主动代理这三者相结合使我担忧隐私、数据挖掘，以及由系统错误或病毒可能导致的尴尬情况。

随着人工智能的发展，这类智能体将只会变得更加高级、能更好地模仿我的讲话方式和我的兴趣，甚至能决定我本人应该何时以及用何种方式进入谈话。由于我的机器人代理需要我的频率将更低，所以扇出可以随着机器人自主性的每一次进步而提高，我成为了一个现场木偶数量不断增长的木偶师。

将这一预测推向极端会将人与人的关系蒙上一层阴影。当我的机器人和智能体更贴合我意也很少需要我的帮助时，我就成为了一个公司的 CEO，这个公司的员工是我那些越来越不需要我的智能体们。不久，我就成了一个首席战略家，仅此而已。当然我可以选择我出场的时机，可以进入到每一个我认为最值得去亲自见证的体验。在极端情况下，生活变成高价值经验的碎片，很少有时间会浪费在那些多余的、无聊的或不想要的事情上。

我把这种情况称为**注意力分散症**，因为它技术上几乎很接近于一种心理障碍,这种心理障碍在当代被诊断为注意力缺失症(ADD,Attention Deficit Disorder)。但有一点不同,在很多人看来,新的 ADD 将是生活中一种理想的状态,而不是一种需要进行治疗的疾病。

可以肯定的是,就如同规模经济在各个行业——从蛋类生产到制衣业——所带来的好处一样,这个新的 ADD 将明显提高企业的生产力。但考虑一下规模经济的负面影响:对环境的破坏、营养缺乏以及社会不公平现象的增加。ADD 将范围扩展到个人、人类的层面,而且在这个层面我们可以看到我们的生活质量受到大量社会扇出压力的影响。通过把我们人生故事的一部分,委派给智能体和机器人,虽然我们的意识和注意力没受到任何影响,但是我们却要失去由一种体验所带来的情感的深度,而正是这种深度的情感将我们与一个地方紧密地联系在一起。

马尔科姆·格拉德威尔在《引爆点》(*Tipping Point*)中认为,人的行为对我们生活的背景具有很大的敏感性(Gladwell 2000)。他还警告说,我们所能拥有的真实的关系在数量上是有限的,通信技术所提供的大量外向接触并不能真正有效扩展社交领域。我们的物理延伸可能会大规模地向外拓展,而且我相信格拉德威尔的很多告诫将适用于这一新的扇出形式。我们面临着这样一个危险的情况:我们正在不知不觉中进入了一个非真实、广泛且强大的延伸中,这种延伸给我们带来了更为强大的力量感,然而却偷

走了我们得以保持专注力与平衡感的注意力。

P.83 　　以我个人经验而言,可以说,这本书之所以存在,是因为在写每一章时,我花时间来踱步、与我的妻子讨论,以及专注思考。如果我同时进行四种生活,在它们之间进行上下文切换,并作为我自己的 CEO 来管理它们,那么这本书是不可能得以出版的。

5 大脑遐想

猜测游戏

2231 年 4 月,伦敦,格林公园

"风会有所帮助。" P.85

"风? 看看那个。你说风,是什么意思?"

"它让物体更富动感。人们身边会发生一些事情,你要看的是他们是如何做出回应的。一阵大风之后,我会指给

你看。"

"我觉得一个人的身材会泄露他的秘密。就像那个人一样,他长得很高大,真的很高。有没有可能,如果那个老兄是一个补丁程序,他还能真的长得很高? 实际上,有可能! 看,他正在跟那个女人一起走着,是吧? 但是,瞧——每次他们向前走了几步,他就走在了她的前面,然后左顾右盼,踌躇不前直到她赶上来。然后,啊哈! 快看,又开始重复了。记下来,每一次他都不习惯那两条长腿。"

"好吧,相当好,迪伊。这给我留下了深刻的印象。"

"我敢肯定他要矮一英尺。他还从来都没有作为补丁程序安装到一个高个子的人身上。这多么有趣啊。"

"你知道什么会更有趣吗? 一个用来进行补丁安装的体育馆。那个难道没有意义吗? 你可以先上一门有关障碍的课程,以及其他的课程——可能是关于刀子或叉子,都可以。你会在到一个真正的地方之前习惯一个补丁程序。"

P.86　　　"我喜欢这个想法,但是他们当然也会为此收费。这个已经够贵了——看看我们——我们做这些仅仅是为了 25 分钟的体验吗?"

"是的,但是这是市场可以承担得起的最低价格了。再便宜一点我们就得等一个月的预订了。"

"我的天啊。你看到了吗?"

"矮-高个先生的女性朋友?"

"补丁程序!"

"绝对看到了。太神奇了。她在大声地笑。"

"是的,她正在边看自己的衣服边笑着。"

"所以那肯定是我们见到的第一个安装进女人身体的男人补丁程序。我们以前见到过这样的事吗?"

"哎呀,糟糕。她正在看着我们。"

"看着我,鲍勃,看着我,无论如何我都会看到她。是的,她正在盯着我看。"

"我正在看你。在看,一直在看。"

迪伊开始轻声地哭泣。

"迪伊,怎么了?"

她眨了几下眼,继续哭泣着,之后靠在他的肩膀上,轻轻地对着他的耳朵说:"问题解决了。她看到我正在哭泣,估计猜想着我们正在经历一个尴尬的时刻。"

"好的,你真棒。"

"哦,我有一个办法了。试试这个。"迪伊打了一个极响的喷嚏,而且还带了点让人侧目的高音喇叭声。然后她努力控制自己,又打了两个这样的喷嚏。"注意那个穿牛仔裤的人。鲍勃,他甚至都没往这边瞥一眼。我打赌他是一个机器人。"

"他正在向前看,匀速地走着。如果他正在打电话呢?"

"他的嘴唇压根就没有动,他也没有点头。我跟你打赌他肯定是一个机器人,刚停机或者刚结束了一个补丁程序的运行。"

"等一下——瞧,他正在看——嘿——他手腕上有一块手表。他正在看时间!"

P.87　　　"见鬼，糟糕。那么一定是真人了。"

　　　"还有谁会看时间呢。我想他现在一定很沮丧。我敢肯定他一路走来都没有什么东西能让他感到兴奋，就算是一个疯狂的喷嚏都不能刺激到他。他是一个本地人。"

　　　"看——他只是一直在看。"

　　　"在看那个树。真奇怪。"

　　　"好吧——有了更多的证据。他太有耐心了。他显然不是在支付租金——一个补丁程序没有理由像那样只是站在那里。"

　　　"看看我们，我们只是坐在一个长凳上而已。"

　　　"他是孤独的，这也说明了一个问题。毫无疑问，他是一个真人。"

　　　"猜一下怎么样，给你两分钟。"

　　　"真遗憾。嘿——迪伊——看看那两只实验狗。"

　　　"没有主人吗？"

　　　"是的。"

　　　"看它们的外表——你什么时候看到过两只狗互相看着对方，然后像它们那样互相撕咬？"

　　　"你认为那是两个补丁程序？安装在狗身上的？"

　　　"我听说过这个——真是一件惊人的事——你可以游泳、跳跃，干所有的事情。"

　　　"但是却不可以说话！"

　　　"实际上——他们已经解决了这个问题。你可以像网络中的语音通话那样反向解析这种交谈。你在狗身上将它和语音信号混合起来。”

"重新混合。啊哈！哇——现在我相信了。狗不会去做那个。”

"并且我知道为什么。因为狗不会阅读！我喜欢这个解释。难道之前没有人对它们解释,如果他们能够读懂公园里的标志,这就大大地泄露了它们的秘密吗?”

"我认为它们不会在意有人会注意到这个。我们仅仅是奇怪的人类观察者,仅此而已。”

"好吧,最后的警告要来了。”

"我有一个想法。伦敦的问题是它是座旅游城,几乎每个人都是一个补丁程序。”

"除了那个沮丧地看手表的人。”

P.88

"除了那个沮丧地看手表的人。但是我们到一个有更多真人的地方去看看吧,虽然更难做到。”

"哪里?”

"那儿。我知道是那里。在沃克-明尼阿波利斯之外有一个雕像公园。”

"同意。你能预订一下吗? 等一下——我想要参加赛艇！我听说那里有很棒的赛艇公开赛。你可以让我们得到赛艇手的身体,并且可以在湖上赛艇吗?”

"迪伊,你知道那些事情需要平衡感吗? 它不像划船。”

"切,如果我们掉进水里了,我们可以游泳。没有那么糟糕！”

"天啊！ 好吧,两个赛艇帅哥,我试一试。”

放弃

波士顿,马萨诸塞州,2126 年 4 月(105 年前)

　　包装本身看起来比较旧——就像一个来自原材料很便宜、东西都要包装起来的那个时代的物品,且包装箱都已经磨损。她拿出注射器和遥控器,在她的右前臂上选了一个点。针头扎进皮肤带来一阵刺痛感,她盯着那儿看着。热量缓慢地扩散到她的全身,这需要一定的时间。毕竟,血液需要两分钟才流遍全身。

　　那个旧遥控器有一个按钮,按下它将会令你产生一种令人满足的选择感。它能够移动,有一个弹簧和一个可移动的部分——她好多年都没有见过这样的东西了。那个按钮需要一个真正的触发——不是一个念头,也不是挥动手臂,而是与一个实际物体的真实接触。之后她想到了人的归宿:死亡。我会为什么而死?

P.89　　她还记得第一次读到机器人控制时,她非常沮丧。纳米机器人实际上并不只是操纵大脑中的化学物质,而且还直接控制肌肉。这条路究竟能走多远? 第一批在人类身上所做的实验很笨拙,这也挫败了她心中对于成为一名科学家的向往。这些实验并没有测量出反应时间、运动的一致性,以及长期的效果。它们仅仅证实了一件事情:右臂能够伸出,并且同样轻松地按下一个愉快的或是痛苦的按钮,即使是在沉睡者进行了药物性麻痹后也可以做到。当时这个结果使大家非常兴奋,每周都有新闻报道以及新取得的实验成果。骑自行车,在电脑上打字,演奏古典吉他,还有一个大大的挑战:10分钟的图灵测试。在一个屋子中观察戴夫10分钟。是戴夫在控制自己的大脑,还是纳米机器人在控制着他的大脑? 当然,跟真实的谈话相比,这很简单,真实谈话中有着需要20多年才能掌握的舌头和声带的控制技巧。

对纳米机器人控制的研究令她感到震惊,并深深地困扰着她。所有的人,包括她的朋友们、教授们都一头扎进了纳米机器人的研究之中。一直以来,她都对流行的东西非常反感,大学三年级时发生的一件事使她的观念发生了改变。当她读到一个关于阿西莫的故事时,被深深地打动了。她想要制作机械机器人,而不是帮助完善人类机器人。她在仍然教授机器人课程的顶尖大学里学了几年的机械工程和电气工程。

她那六年的学业最终被一次痛苦且刻骨铭心的争执打断。她妈妈买了一份死亡保险,但却是一名守旧的隐士。多么奇怪的一个组合——为自己的身体所要进行的最终的再循环手术买了保险,然而在生活中却离群索居。她在死后数天尸体才被人发现,那时用她的身体来做人肉机器人的实验已经太晚了。保险公司不打算进行赔偿——在死亡中得不到好处,也就不会支付相应的支出。她将失去母亲的悲痛发泄出来,像一个傻子一样跟保险公司的人争吵着,歇斯底里地大喊大叫。最终,连一个小小的打印单都没有

P.90

得到,只有一项模糊其辞的条款指出未能回收尸体对合约很重要。

她获得了机器人专业的博士学位以及一个很好的研究职位,但是她却无法得到政府或者工业界的任何基金支持。人类劳动力很容易得到,纳米机器人控制研究在飞速进展。所有的研发资金、商业资金都投向了纳米机器人的研究中。她的提议一次接一次地被拒绝,但每次都会注明,如果针对这一研究课题是选择人肉机器人而不是机械机器人本体研究,她马上就会得到研究资金的资助。当然,她的整体目标就是向人们说明,机器人根本就不需要人类的身体,因此,她也就没有得到任何资助基金。

五年以后,关注纯机械机器人的会议已经全部消失了,因此她将文章发表在那些所有人都研究人肉机器人的会议上。她十分清楚机器人的起源,可以非常有条理地讲出来。人肉机器人到底在我们的社会中处于什么位置?如果你杀了其中一个机器人,真的只是一种普通的破坏行为吗?它们有哪些权利?一定要将它们与人类和动物区分开吗?她今年只有四十岁,但是已经成为一个异类的人。在会议上,同事们故意避着她;大家在晚餐期间谈论着会议主讲人的研究结果,但却从来都不邀请她加入其中。

她的好朋友莎拉的一次告别派对将她从研究的困境和沮丧中拯救出来——在她大学入学的第一年,她们四个好朋友一起体验着所有新鲜的事情,莎拉也那样做了。她举办了一个告别派对,并且制定了自己的死亡计划。二十年的巨额补偿，多到足以买任何东西，做任何事情。现在到了兑现合约上最后一个条款的时间，她该把自己的身体贡献给纳米机器人研究了。她坐下来和莎拉谈心，认真地倾听。P.91莎拉从心底感到开心。她描述了一个令人难以置信的旅程，精彩纷呈的一生的经历都被压缩到了这二十年里，在这期间，没有烦忧，没有老板无意义的唠叨和绩效评估，什么都没有。她问莎拉，是否还会改变想法？是否有人曾经这样尝试过？过二十年完美的生活，然后更名换姓，从而隐居山林。事实证明跟踪技术很先进。合同上的条款很严谨，保险公司实际上控制了你二十年，之后死亡就成为一件合理的事情，因此他们为了得到你可以简单地将你杀死。

因此她不得不学习更多的东西，在派对之后，她与"美好生活"公司——最大的纳米机器人公司之一——进行了一场资询性质的面谈会。这家公司的预算经费规模之大堪比加利福尼亚州。公司制定了较高的标准，与莎拉所描述的非常相像，于是开始执行一个刚刚出台的特殊政策：十年无限制的花费，而不是通常的二十年，完全无限制。在她的不断逼问下，她了解到了具体的细节——必须是个人花费（你不可以给你朋友几十个亿），并且这笔钱不能用于投资（你不能用于购买黄金，并成立一个新的银行），但这一切确实是真的。她问他们是否能够成立她自己的研究中心，他们说可以，而且十年内她能够进行耗资巨大的科学研究。

对"美好生活"公司的访问之旅给她确立了一个任务。这个任务带她走上了人生的另一段旅程，从在法学院攻读

法律学一直到在美国最高法院她所代理的雷切尔·艾夫斯和"美好生活"之间的一场诉讼案。一边是一个诚实的灵魂，另一边是一支完整的、拥有着无限资金支持的律师团。该案件由于技术快速地进入商业实践而变得复杂起来。一条关于母亲身份的完整链条，从怀孕到抚养孩子，机器人母亲身份的法律衍生后果一直没有得到解决。机器人可以成为一个合法的个体吗？即使是被一个人特意购买用来繁衍后代，然后作为超级保姆。如果父亲去世了，机器人母子关系将会发生什么改变？她提出一个案例，说明法律和社会动态系统内在的不一致性意味着我们必须禁止机器人的母亲身份，直到并且除非我们所拥有的机器人类与人类有对等的权利。当然，商业永远不会允许机器人和人之间享有平等的权利，因为那样会破坏整个工业界的经济基础。从此之后，你只能是简单地制造更多"真实"的人，这既无用也无趣。

她的案件的第二部分是关于整个死亡销售的商业机制。这是她所害怕的一个棘手的问题。保险公司会介入，对一个亲人提供年度交易用于长期的看护。它首先出现在发生事故的情况下——我们将会为你配偶的可怕疾病支付全部的医疗费用，你所需要做的就是签订协议，当你遭遇意外死亡时捐献出你的遗体。后来，理所当然地条件变得更加严格，会有一个死亡日期，甚至会奖励提前死亡。之后，典当行介入，会迅速地进行现金交易，并会在未来全权处理你的死亡的事宜。监狱以其特有的方式运行着，以及与终身监禁罪犯签订协议的家庭们沟通。这是一个终极契约——一个不错的契约，使得罪犯能够为他们的孩子的全部日常生活提供保障。在法庭上，她争辩道，死亡的商品化已经巨大地改变了社会伦理，连基本的人权都成了问题，因此上述死亡需要被无效化。当然，"美好生活"公司手中有一张巨大的王牌——政府研究表明，如果机器人商业被中断，整个经济系统将会崩溃——机器人商业实在太大了，以至于无法中断。

最高法院的最终裁决模棱两可并极其失败，其判决读起来更是莫名其妙，判决如下：

个人和社会对于自由本身的追求赋予了每个人决策的权力，这种追求受支配人类文明生活的规章制度的管束。但是自由仅仅适用于活着的人，对于纳米机器人系统的肉身，无论是遥控的还是自主的，都决不能妨碍活着的人的自由。纳米机器人仅仅是对失去生命的物体用途上的一个简单延伸，就像橡木用于制作家具，或者头发用于制作现代艺术作品或者假发。此外，机器制造产品的形式不能根据它们像什么自然产品来进行管理。然而，之前活着的人们并不是机器制造的，但是我们将把占据大脑脑干的纳米机器人分布式控制系统所控制的身体看作一种机器制造的形式，因此我们将这整个系统定义为机器制造的。既然器官的买卖仍然是非法的，我们应注意到被告方的业务方法涉及材料和非活体组织的销售。的确，纳米机器人对身体的控制可以继续作用于身体，即使在意识已经被清除之后。

P.93

但是,由大脑活动所定义的人类生命已经不存在了,因此,销售和购买身体与销售和购买新鲜的冷冻鱼属于同类性质。

现在她在家里,有一个最为非同寻常的退路摆在她面前:一套没有死亡政策的死亡工具。她没有孩子,也没有朋友。没有人能从她的死亡中获益。为什么要死呢?因为她的心已经碎了。她相信人性,探索人性,为人性而斗争,最终却完全迷失了自己,没有了一丝的希望。因此,她按下了那个按钮,像她所希望的那样,一个舒服的、稳定的下沉运动,伴随着一个她没有想到的哔哔声。

纳米机器人整齐站立于每一个大脑脑干的突触上。它们通过注射进入大脑里找到自己的位置并与其他机器人进行完美的同步通信。随着按钮的按下,消息传遍了整个网络:是开始接管的时候了。首先,同步释放了一个神经抑制,以后再也不会有意识了。死后的 1/4 秒,纳米机器人便开始接管,重新启动心脏、肺、内分泌系统和消化系统。当这一切发生时,如果你近距离观察雷切尔的脸的话,你可以发现两件事情。首先,她的表情变了——从一个焦虑的表情到一个平和的,像是在睡眠中的表情。其次,眼睛也变了,不再闪闪发亮。

P.94　　下一站:死亡认证中心。机器人站起来,开始了步行去火车站的旅程。大脑扫描及脑电图会进行脑功能检查。以及指纹、声音和瞳孔匹配来确认身份,然后是注册死亡信息。雷切尔·艾夫斯将正式死亡,并且一个新的序列号会分配给那个机器人，也就是她的身体。

在火车站，很多熟悉的目光扫过坐在空椅子上的机器人，雷切尔·艾夫斯很出名，毕竟她是唯一一个与"美好生活"公司公开打过官司的人。一个小女孩跨过站台，坐在那个机器人的旁边，"艾夫斯小姐，我对你的作品和演讲非常崇拜，是你的超级粉丝。你真的打开了我的视野，我不知道该如何去感激你。见到你非常荣幸，我的意思是，谢谢作为现在的你。这对我来说意义非同一般。"

机器人虽然不是人类，但类似尴尬的情景在它们的共享经验中是有完备文档的。在死亡现场告知另一个人——与他们谈话的那个人已经死了——这太尴尬了。对于在去死亡认证中心路上所经历这种偶遇，有一个高明的做法是：用一个微笑，一句感谢，或是疲倦地闭上眼睛来结束对话。

＊＊＊＊＊＊

前面的章节谈到了机器人的未来。其中，机器人感知、认知、行动以及人-机接口方面持续的科技进步改变了我们与社会的联系方式。但是还有一个，我在这里所要讨论的是更具破坏性的机器人未来。如果只有利用了人类的生物体本身——我们的关节、肌肉和能量系统，而不是发明新的机械形式和材料，机器人学才能取得最大的成功，将会怎样？动物系统的生物学效率经过了数百万年的进化优化。我们所拥有的柔软性、灵巧性，以及运动效率都是工程师们

P.95

迄今为止所创造的由机器制造的类似物所无法匹敌的,并且,目前尚不清楚我们的燃料电池和电化学方面的机器人发明能否接近生物系统的强健性、动力学特性以及能量的高效利用。

如果机器人要充分发掘并利用生物体,将会怎样?要回答这个问题,首先我们必须看一看目前最先进的机器人与自然人体的配合。机器人和生物系统简单的互动并不是新出现的技术。机器人学主要的成功案例之一是以机器人假肢的形式改善人们的生活质量。假肢中灵活的踝关节使得截肢者上下楼梯比以前更加容易(Au,Berniker,and Herr 2008)。这些机器人小腿有电源、电气控制的关节以及加速度计,用来感应不同行走姿态,动态管理关节处的阻力以及弯曲以保持与腿的生物部分协调一致,如膝关节。

其他研究人员则采取了不同的策略,开发包裹住人腿的机器人外骨骼,为人们提供额外的力量用来行走和爬楼梯。最初国防部资助这个研究主要考虑是,在战争中,士兵需要携带更重的包裹。能否通过机器人让一个士兵的背包增加 50 磅的重量,同时还感觉不到这额外的重量(Kazerooni 2012)?

P.96 但是早期在外骨骼方面研究的成功案例已经大量出现了,这将引发一场在非军事应用领域,老年人和残疾人的可移动性方面激动人心的革命。在接下来的几十年,今天使用轮椅的人将会开始使用机器人外骨骼辅助步行。这些机器人一开始会以具有低层级保真度的可控装置的形式出现,像一个电动轮椅:他们将通过简单的接口让腿行走、拐弯、奔跑以及坐下。这将会是轮椅的一个巨大进步,因为用户将能更全面地融入到我们所建造的世界。此外,高高地站立、平视同辈人所产生心理上的强大感觉将给予这些人更多他们所应得的尊重和公平。这可能是历史上将技术从国防部转移到民用领域最有意义的例子之一。

接下来我们自然会产生一种愿望,想将这种机器人假肢的运动与操作者对于肌肉的愿望更加紧密地联系起来。当今的实验已经展示了通过检测和处理来自头皮的脑电波信号,来控制机器人手臂的运动(Bell et al. 2008)。随着脑-机接口的改进,机器人假肢的高保真度控制将会突飞猛进。

脑-机结合的创新能带我们走多远?长期技术进步的两个方面可能会使得最终的人-机结合成为现实:接口生产和接口控制。接口生产是物理问题,研究如何将数字信号与生物、活体神经进行耦合。接口控制则是计算问题,搞清楚神经信号,并模拟出主动控制肌肉的这些信号。

第一步是在所有相关突触神经位置创建可以检测信号的物理接口。如果没有直接的测量,无论机器人控制器多么智能,它都是在间接地猜测人的意图。这些突触作为神经元之间的连接进行信息传递,来激活和控制负责运动的肌肉系统。 P.97

物理接口是纳米机器人可以发挥作用的地方,它们通过在人体内形成大量的机器人殖民地,来产生一个互联的

人-机接口。为了有效地测量信号,纳米机器人需要进入体内,迁移到神经元之间的突触连接处,然后实时地测量信号值。为了进入到这些位置,纳米机器人必须非常地小——可能是分子大小。血红细胞的直径小于 10 微米,为了给自己定位的同时不伤害到人体,每个纳米机器人可能在体积上是相似的。即使是如此小的尺寸,血红细胞也需要变形后进入最小的毛细血管;类似地,纳米机器人的大小和灵活性将会是一个巨大的工程。

对于将纳米机器人输送至人体内的基本传递机制,我做了三个假设:直接注射进入血液、吸入后通过肺进行转移、通过皮肤进行吸收。纳米机器人的材料需要有足够的惰性以避免引起免疫反应;它们必须经过精心的设计,以避免拥塞和在较小的动脉中凝血。它们还必须能够在不损坏细胞的情况下穿过动脉墙。

P.98　　一个人-机接口所需要的纳米机器人的总数量是惊人的。人类的每个神经元可以有 10000 个神经连接,机器人需要直接访问这些连接的信号。即使是在脊髓或者脑干的有限的截面,穿过一亿神经元的信号意味着超过十万亿的突触测量——说明需要部署几万亿的纳米机器人,只是为了一起进入一个单一的人-机接口。

一旦一个纳米机器人网络能够测量所有相关的连接,下一个挑战将是正确地理解那些信号,然后利用那个理解进行实时控制。这是一个机器学习的挑战,大量研究人员将会充满激情地不断去超越。人工智能系统将需要学习信号的模式,并且理解随着时间的推移,当这些模式与由机器人所提供的环境感知相结合时它们是如何与正确的肌肉控制输出相保持一致的。尽管这个问题与信号处理和解释问题看起来一样困难,尤其是在一秒钟遇到许多次几万亿的新数据时,然而这些问题相比于建造物理纳米机器人网络这一不成熟的工程难题,则显得相对简单。

前面的章节从现在的创新趋势中逐步推断出机器人的未来优势。这使得我们能够满怀信心地展望未来的几十年。但是这一章关注的是人类无法渐进到达的机器人的未来,科学家们需要颠覆那些主要的、完全没有解决的问题才能达到这个目标。举个例子,目前,制造由大量微米级机器人组成的物理实体还是我们所不能企及的。如何存储能量以及回收此类机器人还是完全未知的。即使每个机器人可以单独运转,通过网络将数以万亿计的机器人连接起来(无论是通过化学物质还是通过电磁信号),都需要通信领域全新的创新。我对这种革命性的进步保守估计是一百年。但 P.99
是在这种情况下,诚实的评价取决于这种进步是否会发生,而不是何时会发生。

当一个纳米机器人的思维-计算机接口成为现实后,它将不仅仅是简单地测量神经突触的信号量,还会做更多的事情。人类是一个学习的反馈系统——我们一直在基于真实世界中的经验来不断地调整我们的肌肉控制,从来不会在没有感知的情况下进行动作。同样,纳米机器人技术测量数以万亿信号也开始向突触提供反馈——提供代表那些

信号的脉冲,如果假肢具有生物活性,它们必须要提供这些信号。这是一个难度更大的人工智能挑战,因为反馈机制必须学习去配合神经网络的期望。一旦这个机制可以运作,一只假手将开始向大脑提供反馈,这成功激发了人们的想象力,比如一个希望再次在粘土上进行创作的艺术家,或者是一个需要通过感受小鼓振动来进行富含感情演奏的音乐家。

一旦将生产接口和控制接口做到了极致,你将开启一个充满可能性的新空间。假设纳米机器人可以在整个脊髓和视神经的互联中存在并且进行测量,再假设人工智能分析和控制发展到以下水平:可以正确解释整个信号集合,并可进一步重构反馈至另一个脑干,这个脑干以相似的方式连接到另一个机器人集群上。在这种情况下,这种机器人群体可以成为一种新的通用语言,因为它能够在这里的大脑和另外一处的身体之间进行翻译。迪克可以作为补丁程序安装到简的脑干中,感受简的外界感知输入,并通过相同的接口直接控制简的肌肉。在这种形式下的远程控制中,简的思想将会在哪里?她的思想将会从她自己的身体的传感器和执行器中奇怪地隔离开。也许她也会作为补丁程序安装到另一个人、机器人,或者虚拟系统里面。

在补丁的安装过程中,并没有特定的原因说明为什么大脑和身体需要属于同一种类的动物。计算机可以进行实时的转换,将你身体的肌肉骨骼动作命令转化到一个普通的东方灰松鼠的类似物中。通过练习,你可以在树干层中游走,从一棵树跳到另一棵树上,体验在大地上奔跑却不碰触地面。你可以将补丁程序安装到一条蟒蛇身上,你想向前行进穿过一个碎石堆,计算机可以将你的这种想法转化成一个复杂的物理步态,使得蛇能够轻松地应对非结构化的环境。作为一条蛇,你可以在地震最小的裂缝中寻找受害者。当然,没有什么事情能阻挡工程师在这样一条蛇身上安装机器人设备,例如让你能够部署一个小型的医疗机器人包来测量脉搏、血压,并为受害者提供水合作用。

大脑和身体的即插即用使很多伦理上的和实际中的问题浮出水面,这些问题涉及到两个基本概念:身份和责任。几十年以来,技术的进步一直在对责任的概念提出挑战。技术的趋势是在沿着多个维度增加系统的复杂性——对于一个新的产品则会有更多负部分责任的人;新产品中软件的庞大数量使得以往的系统相形见绌;操作员控制设备所使用的接口也变得更为复杂。每一个复杂性的维度都使得系统所产生的错误更不易理解、责任更不明确,甚至没有人能够直接或全部对一个复杂的机器人系统负责。

技术伦理学及设计课程会经常研究 Therac-25 案例,以 P.101
理解当设计不良、训练不正确以及简单的错误复合到一起时,将会导致多么糟糕的结果(Leveson and Turner 1993)。Therac-25 是一台放射治疗机,通过快速移动高能辐射束,为患者提供聚焦的辐射,去除癌症患者的恶性肿瘤。机器的护士操作员将机器配置到一个定制的治疗模式,然后启动自动放射治疗模式。曾出现过一个极少出现的情况,操

作员没有正确地进入模式,而是在界面进行备份并在八秒内修正了输入,这时机器将配置到一个不正确的内部设置。在此种设置下,机器发出 100 倍的辐射剂量,给患者造成了巨大的痛苦,使其最终死于放射性疾病。

Therac-25 机器治疗过程当中的许多方面都应该承担部分责任。界面设计不当,容易产生不正确的数据输入等。对操作者的培训草草了事,护士赋予了那台昂贵又花哨的机器多于它应有的权威。当病人在治疗过程中抱怨有疼痛的时候,由于机器显示一切都正常,护士就会因此而轻视病人的抱怨。由于系统测试不全面,之前并没有发现致命的软件缺陷——特定系列的打孔机能够将机器置于一种未知的模式。有缺陷的设计、非全面的测试、不充足的训练,以及糟糕的人-机关系——所有这些因素综合起来造成了致命的错误。在这样一个复杂的场景中,在每个地方都有许多可以责备的地方,但是却并没有一个点是可以单独谴责的源头——没有任何一个个人能够负完全责任。

P.102　　随着科技的进步,新的创新产生了机器和操作者之间新的关系。例如,远程遥现进一步使人类个体的决策结果与自然世界的关系复杂化。捕食者无人机是一个军事化的无人飞行器,由千里之外一整个团队的操控者们使用高度复杂的软件所控制。此外,操控者们自己也处于一个军事指挥结构的体系内,对于所要执行的任务以及环境背景,他们只能获取有限的信息。在阿富汗一个山顶的婚礼上,一个主持婚礼仪式的人向空中鸣枪后,远程操控的捕食者无人机射杀了参加婚礼的来宾,这个责任应该由谁来承担?操控者们不在现场,并且仅依赖于软件对现场有限的感知信息所做出分析。此外,该系统将人的控制与可调节的自主等级结合起来;在任意给定的时间,无人机可以由一个人、一组人或者一个控制软件所引导,这个控制软件对其航向、速度以及潜在的威胁做出实时的决策。在这样的情境下,对此后果所负的责任在一个操作团队中延伸,然而决策所产生的后果与他们无关,而且他们对一个复杂机器人的感知局限性的理解以及对于指挥层的了解都是有限的,并且指挥层对于他们所采用技术的感知与控制的失效模式同样知之甚少(Singer 2009)。

《华盛顿邮报》中最近一篇文章报导了 2010 年格鲁吉亚本宁堡的无人机演习。机器人学家们为一个无人机编程,使其能够自主飞行,它使用板载摄像机以及计算机视觉算法寻找地面上的一个物体,将其与一个期望的目标进行匹配,然后自动向其开火(Finn 2011)。文章继续解释道,无人机最终的目标是拥有一个敌人图像的数据库,并且飞行在战场上空,利用人脸识别软件寻找预期目标物。在完成图像匹配后,无人机随后做出自主决策,射杀敌人。这是一个深刻的例子,因为对于一个非机器人专业人而言,无人机在一定的距离下,进行人脸匹配,然后做出致命攻击的决策似乎非常合理。但是,对于任何一个了解最新的计算机视觉以及人脸识别技术的机器人学家来说,这个想法非常荒谬,并且脱离实际。因为很容易将目标物的照片粘贴到任

P.103

何东西上(比如从牛屁股到海报)而导致人脸识别技术错误的匹配。在这个可能的未来中,你或许可以在你的仇人家门口上简单地贴一个恐怖分子的照片来杀死他。

随着我们将机器人学和可调节自主性的概念延伸至大脑-身体的远程连接,人们在世界上产生的主要影响逐渐被不完美的、快速变化的科技所调和。当每种感知都由机器转化出来,每一个行动都由软件转化及量化,并且所有人类关系都可以由机器之间的互动所塑造的时候,行动与结果之间原始的因果关系就会变得很弱。想到所有的软件都有故障,所有的人类创造的系统都包含错误(有一些甚至始终都没有发现),我开始质疑:一个个层层充斥着不完美技术的系统,如何能经受得起责任的质询?

如果在这种可能的未来中责任濒临消失,那么个人身份将会面临一个更为确定的威胁。人们可能已经走出他们经常的居所,甚至走出了日常生活中的习惯:视频游戏让玩家们有机会参与到现实社会中难以想象的战斗或者运动当中。但是整个个人总是扮演着这样一个角色——身体盯着视频游戏屏幕,手在给游戏接口快速的指令。甚至三十年之后,在第 4 章所描述过的远程遥感系统也并没有真正将思想从身体当中分离开。远程感知和控制总需要流经身体回路——手部肌肉敲击按钮、按键和操作杆;眼睛通过眼镜或屏幕、耳朵通过耳机提供感觉反馈。

只要导通身体与其他地方或者其他宇宙的联系,此刻此景则意味着将永远存在的,并且这表明,自我可以维持一个基本水平的基础。有人总可以将手放在你的肩膀上，取得你当下的注意——即使你正在纳尼亚玩一个视频游戏，在尼泊尔举行一个远程会议，或者在小行星带攀爬岩石。每一次冒险都感觉像真的一样，但永不改变的是你的思想和身体在共同控制着那次体验。每一次远程遥感切换就像参加一个盛大的服装舞会——这个经历可以让你探索体验一个不同的身份，但是你仍然可以将自己的身体作为一个基本的线索。卸下华服后，你还是你，仅此而已。

当我们破坏这一现实的本质时，将会发生什么？如果像 TRON[①] 电子世界争霸战一样，你完全进入了另一个世界，模拟的或者只是完全不同的物理位置，将会怎么样呢？你自己的身体、你自己的存在，将不再与你的经验相联系。你会成为一个嵌入在新的身体和背景中的思想系统。你的手是一只全新的手，你的脸是一张全新的脸。随着补丁程序变得越来越成熟，一个补丁程序可以给人的感觉变得更加自然。这意味着，完全与你的实际身体状态或者物理位置无关的远程体验，可以变得和你的切身体验一样。

如果你所处的真实物理环境随时都在变化，那么你目前的身份概念就会失去意义。你不是被你的身体和精神的自我所定义，而是被你以往作为谁以及在哪里所做出的行动所定义。你是一个经验上的参与者——并且你的参与定

P.105

---

① 1982 年，迪斯尼出口的超现实主义科幻题材影片《电子世界争霸战》(Tron) 是第一部采用三维 CG 动画技术与真人实拍相结合的方式完成特效的电影。——译者注

义了你。在这个极端的分析中，对于身体的关注会减少，因为没有特定的肉身形式是独一无二的。当然，由于你对于自己身体的感受不会比对别人身体的感受更自然，则你对于原先身体连接性的感觉也会减弱。

关于脑交换的一个可能未来的极大讽刺是，人工智能研究花了数十年的努力去创造能够达到人类水平的AI——思想机器可以成为没有身体的完美智能体。如果未来人们开始减少自然人类，而增加没有身体的智能体，这样的未来将会是什么样子的？我们可能只是创造了完美的智能体，但却不是在一个电脑中通过比特和字节来创造它。我们可能通过剥夺人类如此多的独一无二的特征来实现人工智能的梦想，人类则最终沦为了智能体。

当然，在大脑遐想中的"事实比小说还离奇"部分，一系列俗不可耐的好莱坞剧本也变得可以实现了。两个人交换身体，互相体验对方的日常生活。一个人可以通过直接同时控制两个身体来组成终极的完全同步的游泳队，仅仅通过电脑接口转换出所有的人体结构和肌肉的正确调节。两个大脑组合进同一个身体，共同控制或者分裂身体——你控制手，我控制腿。走投无路的个人可以为了钱而出租他们的身体，在一个小时的租赁中将他们自己局限在自己的大脑中，并目睹（如果他们仍然在接收传感器信息输入）自己在别人控制下的身体动作。黑客帝国遭遇傀儡人生！

P.106

对于更多的超现实主义，让我们回到好莱坞时代之前的格林兄弟时代。那个王子变青蛙的故事怎么样？有趣的问题现在变成现实了，谁可以决定关闭一个补丁程序？如果邪恶的女巫有这样的权力，一旦你注入纳米机器人，她就可以把你变成一只青蛙。现在你是一只青蛙了，直到她决定关闭补丁程序，并允许你再次感觉和控制你自己的身体。

　　许多人会认为担心这样的未来是没有意义的，它离我们太遥远了。但是从一个工程师的角度来看，这个未来比那些被异教徒所称赞的心灵复制更加有可能，他们经常估计理想的未来几十年之后就会实现（Kurzweil 2006）。他们的争论通常是这样的：如果科学家可以通过映射每一个神经元和突触连接来制造一个全面的大脑模型，然后测量一个特定个人实际的神经传递函数，那么科学就可以在电脑中将那个人精确的大脑状态以及独一无二的"意识"复制，而不是在一个碳基生命形式中实现（Moravec 1990）。通过这种方式思考，这种复制的、模拟的大脑将会和原始大脑一样具有自我意识。

　　但是思维的模拟和复制比我之前描述的纳米机器人接口则要更为复杂：它需要科学家能够通过计算来为整个人脑建模。这是一个高阶的大脑所固有的复杂性。相比之下，纳米机器人接口不需要关于人脑如何运作的任何知识——只需要具有在大脑和肌肉的通道中中断信号的能力，以及从神经到大脑的通道中插入信号的能力即可。即使非常成功，心灵复制体也不会一直是复制具有生命那一时刻的模拟体——新的生命体将立刻变得独一无二，因为它的每一个经历都将它推向前进，使它远离那个共同的祖

P.107

先,即使它的背景和回忆在复制那一刻都是与原来所要复制的人是相同的。

我个人不会冒险去预测科学家何时能够获得全面的大脑模型以及实现思想复制——我所估计的年限会过长,以至于没有任何意义。但是如果思想复制成为可能,将会挑战身份和责任的概念,以及人权、财产权以及参政权,这都将会破坏今天所有的社会法治系统。总之,有很多很好的理由阻止人类去复制思想。

这条理论所讨论的真正问题是,思想的复制和不朽不仅遥远而可怕——它同样也是令人兴奋和激动人心的。未来几十年或几个世纪关于技术的乌托邦时代的故事并不能解决我们今天所面临的问题,同样也不能指引近期为了人类最美好的可能所做出的技术发展。不久将来的远程遥感、机器人以及通信技术威胁会分散我们的注意力,使我们的人际互动非人性化,并且腐蚀我们的个人自由和选择。我们所面临的真正挑战在于设计一个路线图,而不是庆祝和培育个人的幸福、责任和社会公平。为了设计这样一个路线图,在我们想象并设计技术将我们推向进步的同时,需要更加深思熟虑。

6 机器人何去何从？一条未来之路

机器人技术将赋予我们新的力量，我们将能够大规模 P.109
观测并自动响应；还可以远程互动、探索危险或遥远的空
间、创造新的玩具种类、甚至是同时在多个地点远程遥现
（telepresent）。也许有一天，我们将能够采用新奇的物理外
形并构造试验性的身份，通过它们来探索并参与世界。这
些都是技术赋权①的形式，之前章节也讨论过了**谁**有可能从
中受益。我们首先推测了，企业将如何继续更为敏锐地、以

———————————

① 称一个人被技术赋权（technological empowerment）指他可以利用一些已有技
术并加以修改以满足自己的需求。——译者注

前所未有的、个性化和定制信息来优化目标市场的信息收集和互动营销,从而制造消费者的购物欲望。机器人技术也将赋予军队新的能力,使其能够进行远程作战,并使新的政权进行公开和隐蔽军事行动从而模糊和平和战争之间的界限。因此,从社会机构的角度来看,机器人增强了各种形式的权力和影响:机构能够更加全面地感知所有角落,能够实施影响更为广泛的的行动,同时它们的行动能够以任何所选择的方式在世界上任何一个地方产生自定义的本地影响。

P.110　　但最新的机器人技术在赋予个人力量的同时却没有给以通常应有的社会责任的日常规范。随着机器人技术变得更易于获取,同时也更有能力,任何人的想法,从好的创意到极端做法,都可以很容易地从概念变成会跑会说现实中的机器人。机器人技术将使得单个个人和自组织团体能够从利用互联网表达激进思想升级到通过机械动作来实际呈现这些思想。任何懂点儿技术的人通过访问在线开源社区都将能够建造出一个机器人,并且这个机器人具有在物理世界按下按钮的潜在能力,而这就像利他主义的发明一样,会很容易地滋养机器人技术在反社会方面的应用,甚至是出现像 BumBot 那样的私人警察机器人(第 2 章)。如今,即便是最边缘化的想法和观点都可以在互联网上吸引到狂热的支持者,而且几乎所有的信仰体系也都会在互联网上得到自我强化。而机器人学将会把这一动力学带入到我们居住的物理世界。

　　之前的章节努力通过举例说明机器人学可能会如何以

复杂且令人生疑的方式影响人际互动。每章中反复出现的主题是授权出错可能会带来的可以预想到的恐怖情况。社会机构会从中获益，但问题是，他们的目标从来就不会与作为一个整体的社会的目标所完全一致。由于新技术以不均匀和不透明的方式给予企业塑造信息和制造欲望的权力（第1章），这实际上进一步赋予企业权力，而可能导致社区失去被赋予的权力（disempowerment）。

如果未来机器人的投资和创新更明确地是为了我们的社区，而不是为了机构或企业的利益，那会怎样？新的信息和通信技术（ICT）使人们直接受益的想法并非白日梦。我们已经看到了手机和社交网络技术通过实现新形式的记录拍摄和通信而改变了世界（Deibert et al. 2011）。哪怕是在管制最为严格的国家，Twitter、微博和在线视频共享仍可以支持抗议行为和革命行动，并曝光警方的行为。在一年时间里，我们见证了专制国家成功的民主巨变，而在从前，这些变革是难以想象的。这种赋予公民权力的做法让人们欢欣鼓舞，公民能够捕捉、分享，并践行最基本的人权。

新的机器人创新在社会变革中同样可以发挥重要的作用，因为它以数据和行动赋予社区以力量，像手机所做到的那样，使积极的社会变革得以实现。即便是低成本的机器人在传感器精度、电池寿命和容量方面都得到进步，并且机器人的价格也在大幅下跌。机器人可以监测世界并反过来改变它，并且由于他们的组件已变得非常廉价且易于复制，一个真正有用的机器人技术可以比以往更经济、更迅速地

P.111

实现从研究实验室到试运行、再到全球销售的规模。

但为了显著的、更为广泛的影响以及人类关怀的兴起，我们必须设法将社区（无论是以地域、关系或惯例而划分的）置于新技术设计过程的中心。实现机器人领域的向善设计（design-for-good）的一个主要障碍是研究课题如何进行资本运作。有些工业和军事机构对创新和影响有着特定的、自利的标准，它们虽然能够持续不断地提供资金来源，但由于课题是由资金所确定的，所以钱包的主人对于决定我们机器人未来的方向拥有相当大的权力。一个可能的解决办法在于通过确保具有社会责任意识的资金来源去鼓励真正的以社区为中心的机器人设计，从而创造更大的资金平衡。

P.112

美国国家科学基金会和其他的国家级资助方已经要求申请人说明提案可能对社会所产生的更广泛的影响。但是，很多时候，这些影响报告对于基金的决策并无实际作用。我曾在基金委员会工作过，我所看到的是，几乎所有在那个房间里的评审人员都认为社会影响远不及技术含量重要。需要改变这些现状：更为广泛的影响必须成为一个真正的拨款评价标准，至少应与科学价值和技术创新平起平坐。

私人基金会和慈善事业一直是为社会之所需提供资助的领先者，它们所涉及的研究焦点问题有：技术教育的性别平等，以及与不良的健康状况、当地污染及社区能源效率低下做斗争以促进以社会公正为中心的项目，等等。这些基金会必须更加认真地对待以社区为中心的机器人创新，坚持要求受资助者参与当地的建设，模拟真正的终端用户的需求和他们所居住的生态环境，然后非常明确地为了积极的影响而创新。这将需要社区与社会科学家、设计师和机器人专家进行长期的、跨学科的合作。这一愿景也需要具有社会意识的资金源向机器人技术投入大量的资金支持从而使益于社区的机器人技术得以实现，并可以成为真正替代现有机器人技术资金供给的另外一种做法。

在研究实验室的层面，我们需要一个健康的生态，以多样的方式进行有意义的技术设计。资助方的目标各不相同，如果一个同样多样化的研究实验室群体都能以自己独特的方式努力使其项目被关注且产生广泛的影响，那么我 P.113们将有机会从构思和资金供给发展到部署的方式改变机器人研究的生命周期。

在卡内基·梅隆大学，我负责社区机器人、教育和技术授权（Education and Technology Empowerment，CREATE）实验室。这是一个关注社会的发展机器人技术的实验，并且已经取得了成功，这是因为我们能够培养当地的基金会以及 NSF 的资金供给，使它们十多年来一直支持我们专注于以社区为中心的机器人技术创新。这种长期的社区服务只有依靠于强大的组织支持才能得以蓬勃发展，对我们来说，机器人研究所和大学的行政部门在支持 CREATE 不同寻常的资金募集计划中都发挥了至关重要的作用。

以社区为中心的技术愿景需要跨学科的方法，所以我们的实验室汇集了学习科学、心理学、设计、工程和机器人学的专家，以及包括国家地理杂志、NASA /Ames、谷歌、教

科文组织和科学交流中心的国际合作伙伴。我们把社区组织当作合作伙伴，而不是将其作为研究对象或目标受众，通过与他们直接合作来共同发掘当地的社会需求。我们在研讨会上向他们介绍机器人技术，然后采用参与式的设计方法，引导他们想象如何应用机器人技术来解决最迫切的当地需求。在我们的两个社区研究里，市民指出他们头号关注的是交通问题以及在当地所产生的几个方面的影响——交通拥挤、行人安全、空气质量与噪声污染（DiSalvo et al. 2008；DiSalvo et al. 2009）。这种需求我们称之为**交通宁静**（traffic calming），这是世界各地的社区的普遍需求。一个位于中央商务区的郊区，友好且安静的街区，随着工业的发展也日渐扩张延伸至充斥着上班族和卡车的主干道，这完全改变了街区的特性与条件。交通混乱令本地出行困难，密集的车辆致使产生了噪音和空气污染，反过来又导致不幸生活在车流量高的街道附近的学校和家庭出现更多的哮喘患者。与此相反，通勤者对当地的街区一无所知，只不过是将其视为通往他们目的地缓慢而烦人的旅途。

P.114

街区团体希望通过创建通勤者和社区之间的同感，在情感上把通勤者与他们周遭的环境联系起来从而使交通安静下来。他们为此在我们的研讨会上提出了众多的机器人设备的方案并建造了原型：互动信号提示喧闹的通勤者安静下来，因为真实的人住在这里；智能面板通过图表显示通勤时间与实时路况给出替代路线的建议；可以感知并对空气污染水平做出反应的动态雕塑（kinetic sculptures）和交互式通信设备，将无形的信息有形化，使司机能够直观看到他们是如何影响到当地的空气状况的。一个街区甚至提出并设计了一种无线电机器人：一个自动化的本地电台广播系统，会检测窄桥上的车量密度，然后广播有关当地社区的故事、历史、新闻和主干道的商业信息，那些堵在桥上的司机会意识到自己正在穿越山谷，路过一个真实有人居住并值得一游的社区。

环境退化是与当地社区进行讨论时经常出现的另一个主要问题。过度使用和工业活动导致地下水位的下降和盐碱化。电厂、道路系统和轻工业附近区域空气中的悬浮颗粒物未被记录在案，而当地社区却证明了它的不良影响。河流受到来自废弃矿山的酸性物质、大量农业活动产生的废物和无数净水厂未能处理的有害物质（Lerner 2010）的污染。当地社区居民亲眼看到了污染给身体状况带来的不良影响，但却难以证明两者之间存在着无懈可击的因果关系，因此他们始终未能获得救济。新的以社区为中心的技术将当地居民的生活体验与专业技术结合起来，而通常情况下这些专业技术只预留给对地方和国家政策有影响的科学家。在《街道科学》（*Street Science*）中，杰森·科伯恩讲述了布鲁克林的绿点/威廉斯堡社区的成功故事。那里的居民已经与专业人士联手，使当地出现了有意义的改变（Corburn 2005）。

机器人学在未来的环境街道科学中将发挥重要的作用，因为它创造的工具能使社区全面地收集数据，令人信服

P.115

地直观呈现这些数据，从而更有效地提出自己的主张。低成本的空气质量传感器、水质数据记录器和健康监测工具已经在我们技术发展的进程之中。由于公民不需投入大量的金钱就能做到测量、描绘、存储和展示环境恶化的情况，社区能够以全新的、采用大量技术数据的方式来适应和观测自己的土地、空气和水的质量。他们能够以更高的频率和空间分辨率来全面监控他们的生态系统、甄别异常值，以统计数据展示重要的因果关系的证据，并且基于令人信服的证据为商业和监管改革提供强有力的论证。社区将能够提出可靠的、以数据驱动且基于证据的科学论据，迄今为止，这些科学论据只是科学家专有，并由担任行政职务的技术专家和企业的专家纳入到政策讨论中。赋权于社区的机器人技术为民主行动的复兴提供了一个令人振奋的前景，因为过度集中的财富、公司利益、技术的专业化、目光短浅的政府政策以及数字鸿沟，这些杠杆一直以来都在吞噬着当地市民的权力。在这样一个世界里，赋权于社区的机器人技术使当地市民能重新获得属于他们的权力。

P.116

新技术很容易被误解，通过限制人们的想象力和个人投资意识，发明创新的首次使用可以极大地指导其下游应用（Gieryn 1999）。社会如何才能更好地去理解机器人学的未来的结果以及使用它们所产生的影响？社会如何能以积极进取和包容的方式更有意义地参与设计机器人的未来，而不是简单地被当作营销对象或是作为旁观者看着它的到来？

　　为使全体公民都能投身其中，我们也必须大大提高基本的技术素养。公众需要充分了解即将到来的机器人创新的轮廓、维度和可供性（affordances），从而有所准备地参与有关它们的可能性和所产生的后果的讨论。就此而言，涉及公民教育的机构都会取得巨大进步，包括媒体、学术新闻发布和公众参与的论坛，到当地的科学中心、成人教育课程和正规的学校教育。今天，新的机器人创新声称所使用的框架将技术视为救世主、关注神奇的发明，却很少去关注它所带来的全部后果（应用的边界情况、失败和道德上的模糊性）。如果机器人的研究人员和发明者能以批判的眼光对他们的声明所产生的更广泛的影响进行分析，如果媒体向公众传达的信息内容既包括新的机器人创新的潜能也包含 P.117 其局限性，又或者如果评估工作能更加始终如一地考虑道德影响和意外后果，那么知情的社区就可以建立一个标准用以对全面的创新进行更加有意义的考量、评估和辩论。

　　另一个重要方面的责任应由政府承担：对新兴技术在责任、身份、生命周期分析、人权和福祉这些问题上未能提供思想引领所产生的后果，事后在法律上进行追究。每一个新的远程遥现和自主机器人系统都将挑战我们对现有法律的解释。无人驾驶的汽车将会以意想不到的方式撞毁；在家中照顾小孩或老人的机器人有时会考虑不到显而易见的情况；远程遥现系统会被滥用，给远方的受害者造成精神上的痛苦；各种形式的机器人都将会以目前尚未出现的方式用于犯罪和恶意行为。

我们的法律体系必须积极主动地收集专业知识和必要的手段来预测我们的机器人未来,讨论安全、责任、公平和生活质量这些最关键的问题,并且为本世纪创造一个可行的法律框架,而不是对更加巧妙的机器所发现的新的法律漏洞一一作出反应。这项工作不仅能为未来的机器人工程师和企业提供引导轨道,它也将催生一种公众意识,使我们认识到即将进入一个未知的空间,但我们都储备了知识和道德标准去理解我们的未来。

P.118

最后,一个巨大的责任仍落在由投资方和学术人员所推动的学术界肩上。当然,这是我个人最为熟悉的领域。机器人学研究的主要动机是促进机器人学现有技术的发展。让我们的机器人看得更广、走得更好、想得更快。研究所产生的文化影响(每一个新的技术将如何对人们产生积极的影响)往往充其量只是个很遥远的问题。在这样的世界中,创新具有其内在固有的价值。在像宇宙学和进化生物学这样以数十年、数百年的时间来揭示基本知识的领域,这种做法效果良好。但是机器人技术和人工智能现在更像分子生物学、医学和纳米技术:机器人技术所产生的影响弧线已迅速转而向内,并且现在研究人员的发明所产生的效果很有可能在他们有生之年就能得以实现。

我们如何在学术界培训和指导机器人技术的创新者,他们需要具备哪些基本技能从事这项事业从而改善我们的世界,这二者之间的差距已越来越大。我们教授创新,他们也需要知道在社区参与中发现问题的方法。我们教授优

化,而他们也需要了解有关道德、伦理和法律的历史。我们
教授工程,他们也需要大众传播方面的指导。一个机器人
专家成熟的方式一定会产生巨大的变化。

下一代的工程师将能够使魔幻的故事变成现实,他们
将需要社会的、伦理的和道德的工具来最大可能地提高而
不是降低我们的生活质量。我主张重建对机器人学和工程
课程的远景规划。这就要求高校和专业的工程组织共同合
作,有勇气且有意愿列出每一个机器人工程师所必须具备
的基本技能。其他领域已有类似工程学伦理和医学伦理准
则,机器人技术的影响也只会越来越大,所以现在是时候将
这个领域从一个不受约束的荒地发展成为一个像医学和土
木工程学一样更正式的学习生态系统。有了正确的努力,
我们可以将机器人工程中的艺术和科学与人类影响评估的   P.119
指导方法更紧密地结合起来,而这种指导方法在未来越来
越快的变化中尤为重要。

机器人技术正在成为一股强大的力量,但是,像很多技
术,它没有天生的道德标准。它注定要影响社会,我认为早
期采纳者是显而易见的:政府、军队、企业和一批幸运的精
通技术的人。在这个名单里缺失的是公民和当地社区的利
益,他们的利益没有权力和经济价值的激励,而只是希望能
促进人们生活质量的可持续性发展。我们面临的挑战和机
遇在于成为不断变好的机器人未来的排头兵,这意味着我
们必须改变机器人技术将会产生的影响。如果我们成功
了,会使另一种愿景变为翱翔的现实:机器人技术成为改变

当地现状的全新的、互动的媒介;被赋权的社区能衡量、解决问题,展示并采取行动以改善他们的生存条件。在这个可能的机器人未来,机器人技术的革命能够肯定我们的世界所具备的最无法机器人化的品质是:我们的人性。

P.120　　　现在我认识到

这场革命将会带来

个人的消亡

和缓慢趋同

在一个国家里

选择权的丧失

自我的否定

致命的弱点

这个国家虽与个人无任何联系

但却坚不可摧

所以我转身离去

我属于那些必须被打败的人

在这次失败中,我想抓住

一切用自己的力量能得到的东西

我从自己所在的地方走出来

看着所发生的一切

并未加入其中

留心观察

记录下我所观察到的东西

我的周围

静寂一片

当我消失时

我希望所有我曾存在过的痕迹

被一一销毁

——彼得·魏斯(Peter Weiss)《由萨德侯爵导演、夏朗东精神病院病人演出的让-保罗·马拉被迫害和刺杀的故事》,49-50

术　语

3D 打印：3D 打印是一种通过逐层添加材料而快速成型的工艺，通常使用塑料加热并融化以生成三维模型。在机器人领域，3D 打印甚至可以用来制作机器人的结构零件，这些结构零件可以用螺丝或胶组合成机器人的某一部分，例如：机器人的底盘或机械手手指等。

可调节自主权：可调节自主权是对机器人控制的一种建设性思考，指机器人应当能够随时尽可能地靠自己（自主）行动，体现自主的观念，但是人类应该能够在某一滑动变化范围内对机器人的控制渐进增强，从提供战略监控到

直接手动对机器人关节进行控制。

代理(Agency)：在设计、哲学与人机交互领域，这一术语具有特殊含义，指一个人造物表现出决策和行动制定的关键方面，就像我们与他人之间的通常交往一样。对代理的另一种思考方式就是所谓的目的性——意思就是带有代理的机器人在其行为上展现出的自主倾向。

分析学：为一个网站收集行为统计的方法，以了解人们如何使用该网站并提供一份用户统计数据报告。

人工智能：在这本书中，我们使用人工智能来表示软件内部认知方面的研究，这是一种科学家们所追求的创造人类水平的决策软件系统，例如能够与人进行社会互动。

认知：认知代表的是机器人的人工智能层次的决策和控制过程，机器人必须选择如何解释传感器输入，如何在上下文中理解这些数据，以及最后为了反射到世界中产生改变而如何决定该做什么。

计算机视觉：是计算机科学和机器人学的子领域，研究的是如何用计算机代码对数字成像设备如数码相机等返回的原始图像进行分析以提取信息，例如识别图像中的物体以及对场景的深入理解。

数据挖掘：此领域处于机器学习和统计之间，这一技术可以对大量的数据进行研究以获取新发现。天文学的巡天观测就是一个典型例子，必须时刻留意从大数据中提取新的发现，例如从间接数据中发现新的小行星或行星。

眼神跟踪：一种可以使用机器人应用视觉来检查其眼前现场的技能，能够辨识出现场的人脸，表示出眼睛在脸上的位置，然后找到虹膜最终确定人目光的方向。人类尤其擅长于此，即使我们以一个极大的角度侧向别人。

强人工智能(Hard AI)：又称 strong AI。这体现了人工智能最终达到人类水平的前进目标：在每一个可能的轴向上与自然智能相匹敌。这样至少从认知的角度来看使得人造物与自然人类无法区分。

激光切割：一种快速成型技术，将塑料或金属等平面材料放在工作台上，一个高功率激光器能够迅速将原材料削减成一个复杂的二维形状。通过控制切割的深度，也可以完成蚀刻。激光切割非常便宜而且能够非常快地创造出机器人的组成部分。

lisp：一种计算机编程语言，在 20 世纪 90 年代作为一种非常流行的人工智能教学工具而风靡一时，是许多早期机

器人的主要编程语言。

操纵:在机器人学,操纵表示在物理世界直接与对象的互动,通常是指机械于为操作物体所做出的相关决策与控制,如操作人类世界常见的炊具和门把手,或者是工业界的装配工序与装置。

微米:毫米的千分之一。典型的红细胞直径约为 50 微米。

机器人:绝不要试图从一个机器人专家获取一个定义。几乎所有的机器人研究人员关于它的含义都有不同意见,它的定义也会因为新出现的创新而迅速变化。

奇点:由一些未来预言家如雷蒙德·库兹韦尔和弗诺·文奇等所假设的一个趋势或事件,指当人工智能的能力加速冲向能够自我增强的水平并达到失控程度,此时在有人类参与或没有人类参与的情况下,高度智能的 AI 迅速创造出了超级生物(如果假设我们人类和人工智能系统合并成了一个新的物种,将可能由谁来代表智能呢?)。

蛇型机器人:这是一种拥有大量电动关节的机器人系统,不仅可以实现如响尾蛇的蛇形步态,也会表现出一些自然蛇所不具备的步态,例如竖直盘成一个圆环并像竖立的轮胎那样移动等。

声纳：在 1970—1995 年代的小型机器人中，声纳是一款非常成功的传感器，其圆形传感器可以发出声波，同时能够测量出回声返回来的时间。尽管我们认为这是类似于蝙蝠的回声定位，但蝙蝠使用声波模式飞行，追捕猎物同时避开另一只蝙蝠，相比而言，机器人声纳就非常简单了。

突触：突触是两个神经细胞之间的连接部分。在大脑中的每个神经元可能有多达 10000 个突触与其他神经元相连接，所以神经突触的数量远远超过大脑神经元的数量：约为 100 万亿比 1000 亿。

远程遥现：人的身体不在本地而具有的感觉与行动的能力。

城市搜救（USAR）：是机器人领域的一个重要分支，通过创造机器人以及机器人界面，使紧急救援人员能够在混乱的灾难现场以更少的危险、更有效地识别和营救受害者。

参考文献

Apple Computer. 2011. "Siri. Your Wish Is Its Command." October 16. http://www.apple.com/iphone/features/siri.html (accessed May 9, 2012).

Au, S., M. Berniker, and H. Herr. 2008. Powered ankle-foot prosthesis to assist level-ground and stair-descent gaits. *Neural Networks (Special issue on Robotics and Neuroscience)* 21 (4) (May): 654–666.

Bartneck, C., M. Verbunt, O. Mubin, and A. Al-Mahmud. 2007. "To Kill a Mockingbird Robot." In *Proceedings of the 2nd ACM/IEEE International Conference on Human–Robot Interaction*. Washington, DC.

Bell, C., P. Shenoy, R. Chalodhorn, and R. Rao. 2008. Control of a humanoid robot by a noninvasive brain-computer interface in humans. *Journal of Neural Engineering* 5 (214): 214–220.

Bradski, G., and A. Kaehler. 2008. *Learning OpenCV: Computer Vision with the OpenCV Library*. Sebastopol, CA: O'Reilly Media.

Brown, Ben, Chris Bartley, Jennifer Cross, and Illah Nourbakhsh. 2012. "ChargeCar Community Conversions: Practical, Custom Electric Vehicles Now!" IEVC.

Brown, Ben, Garth Zeglin, and Illah Nourbakhsh. 2003. "Energy Storage Device Used in Locomotion Machine." US Patent 6,558,297.

Clark, H. H. 1996. *Using Language*. Cambridge: Cambridge University Press.

Clark, H. H., and S. E. Brennan. 1991. Grounding in Communication. In *Perspectives on Socially Shared Cognition*, ed. L. B. Resnick, R. M. Levine, and S. D. Teasley, 127–149. Washington, DC: American Psychological Association.

Corburn, Jason. 2005. *Street Science: Community Knowledge and Environmental Health Justice*. Cambridge, MA: MIT Press.

Deibert, R., J. Palfrey, R. Rohozinski, and J. Zittrain, eds. 2011. *Access Contested: Security, Identity, and Resistance in Asian Cyberspace*. Cambridge, MA: MIT Press.

DiSalvo, Carl, Marti Louw, Julina Coupland, and MaryAnn Steiner. 2009. Local Issues, Local Uses: Tools for Robotics and Sensing in Community Contexts. In *C & C '09: Proceedings of the ACM Conference on Creativity and Cognition*, 245–254. New York: ACM Press.

DiSalvo, C., I. Nourbakhsh, D. Holstius, A. Akin, and M. Louw. 2008. "The Neighborhood Networks Projects: A Case Study of Critical Engagement and Creative Expression through Participatory Design." In *Proceedings of the 2008 Participatory Design Conference*. Bloomington, IN.

Finn, P. 2011. "A Future for Drones: Automated Killing." *The Washington Post*. September 19.

Fong, T., I. Nourbakhsh, C. Kunz, L. Fluckiger, and J. Schreiner. 2005. "The Peer-to-Peer Human–Robot Interaction Project." In *Proceedings of AIAA Space*. Long Beach, CA.

Gieryn, Thomas. 1999. *Cultural Boundaries of Science*. Chicago: University of Chicago Press.

Gladwell, Malcolm. 2000. *The Tipping Point: How Little Things Can Make a Big Difference*. New York: Little Brown.

Hamner, E., T. Lauwers, D. Bernstein, I. Nourbakhsh, and C. DiSalvo. 2008. "Robot Diaries: Broadening Participation in the Computer Science Pipeline through Social Technical Exploration." In *Proceedings of the AAAI Spring Symposium on Using AI to Motivate Greater Participation in Computer Science*. Stanford, CA.

Holson, Laura. 2009. "Putting a Bolder Face on Google." *New York Times*. February 28.

Hooker, John. 2010. *Business Ethics as Rational Choice*. Upper Saddle River, NJ: Pearson Prentice-Hall.

Jackson, J. 2007. Microsoft robotics studio: A technical introduction. *IEEE Robotics & Automation Magazine* 14 (4): 82–87.

Kahn, P., N. Freier, T. Kanda, H. Ishiguro, J. Ruckert, R. Severson, and S. Kane. 2008. "Design Patterns for Sociality in HumanRobot Interaction." In *Proceedings of Human–Robot Interaction*. New York: ACM Press.

Kazerooni, Homayoon. 2012. Berkeley Robotics & Human Engineering Laboratory. http://bleex.me.berkeley.edu/ (accessed May 9, 2012).

Kelly, Kevin. 2010. *What Technology Wants*. New York: Viking Press.

Kurzweil, Ray. 2006. *The Singularity Is Near: When Humans Transcend Biology*. New York: Penguin Group.

Lerner, Steve. 2010. *Sacrifice Zones*. Cambridge, MA: MIT Press.

Leveson, N. G., and C. S. Turner. 1993. An investigation of the Therac 25 accidents. *Computer* 26 (7): 18–41.

Lewis, M., S. Carpin, and S. Balakirsky. 2009. "Virtual Robots RoboCupRescue Competition: Contributions to Infrastructure and Science." In *Proceedings of IJCAI Workshop on Competitions in Artificial Intelligence and Robotics*.

Lewis, M., and K. Sycara. 2011. "Network-Centric Control for Multirobot Teams in Urban Search and Rescue." In *Proceedings of* the *44th Hawaiian International Conference on Systems Sciences*.

Linder, T., V. Tretyakov, S. Blumenthal, P. Molitor, D. Holz, R. Murphy, S. Tadokoro, and H. Surmann. 2010. "Rescue Robots at the Collapse of the Municipal Archive of Cologne City: A Field Report." In *IEEE International Workshop on Safety Security and Rescue Robotics (SSRR)*.

McGeer, T. 1990. Passive dynamic walking. *International Journal of Robotics Research* 9 (2) (April): 62–82.

Mellinger, Daniel, Nathan Michael, and Vijay Kumar. 2010. "Trajectory Generation and Control for Precise Aggressive Maneuvers with Quadrotors." In *Proceedings of the International Symposium on Experimental Robotics*. New Delhi, India.

Moravec, Hans. 1990. *Mind Children: The Future of Robot and Human Intelligence*. Cambridge, MA: Harvard University Press.

Müller, Jörg, Juliane Exeler, Markus Buzeck, and Antonio Krüger. 2009. ReflectiveSigns: Digital signs that adapt to audience attention. *Pervasive Computing: Lecture Notes in Computer Science* 5538: 17–24.

Murphy, M., S. Kim, and M. Sitti. 2009. Enhanced adhesion by gecko inspired hierarchical adhesives. *ACS Applied Materials and Interfaces* 1 (4): 849–855.

Nilsson, N. 1984. *Shakey the Robot*. SRI International Technical Note No. 323.

Nourbakhsh, I., C. Acedo, R. Sargent, C. Strebel, L. Tomokiyo, and C. Belalcazar. 2010. "GigaPan Conversations: Diversity and Inclusion in the Community." In *Proceedings of the International Scientific Conference on Technology for Development*, 53–60. Lausanne, Switzerland: United Nations.

Nourbakhsh, Illah, David Andre, Carlo Tomasi, and Michael Genesereth. 1997. Mobile robot obstacle avoidance via depth from focus. *Robotics and Autonomous Systems* 22:151–158.

Nourbakhsh, Illah, Judith Bobenage, Sebastien Grange, Ron Lutz, Roland Meyer, and Alvaro Soto. 1999. An affective mobile educator with a full-time job. *Artificial Intelligence* 114 (1–2): 95–124.

Nourbakhsh, I., E. Hamner, D. Bernstein, K. Crowley, E. Ayoob, M. Lotter, S. Shelly, et al. 2006. The personal exploration rover: Educational assessment of a robotic exhibit for informal learning venues. *International Journal of Engineering Education, Special Issue on Trends in Robotics Education* 22 (4): 777–791.

Nourbakhsh, Illah, Rob Powers, and Stan Birchfield. 1995. Dervish: An office-navigating robot. *AI Magazine* 16 (2): 53–60.

Omer, A. M. M., R. Ghorbani, Hun-ok Lim, and A. Takanishi. 2009. "Semi-Passive Dynamic Walking for Biped Walking Robot Using Controllable Joint Stiffness Based on Dynamic Simulation." In *Advanced Intelligent Mechatronics*, 2009. Singapore.

Perez, Sarah. 2011. "Euclid Elements Emerges from Stealth, Debuts 'Google Analytics for the Real World.'" *techcrunch.com*. November 3. http://techcrunch.com/2011/11/03/euclid-elements-emerges-from-stealth-debuts-google-analytics-for-the-real-world/ (accessed May 9, 2012).

Power, D. J., ed. 2002. Beer and Diapers. *DSS News* 3 (23) (November 10). http://www.dssresources.com/newsletters/66.php (accessed May 9, 2012).

Quigley, M., B. Gerkey, K. Conley, J. Faust, T. Foote, J. Leibs, E. Berger, R. Wheeler, and A. Ng. 2009. "ROS: An Open-Source Robot Operating System." In *Proceedings of IEEE ICRA 2009*. Kobe, Japan.

Rowe, Anthony, Charles Rosenberg, and Illah Nourbakhsh. 2002. *A Low Cost Embedded Color Vision System*. Lausanne, Switzerland: IROS.

Shropshire, Corilyn. 2006. "Fast-Food Assistant 'Hyperactive Bob' Example of Robots' Growing Role." *Pittsburgh Post-Gazette*. June 16.

Singer, P. W. 2009. *Wired for War: The Robotics Revolution and Conflict in the 21st Century*. New York: Penguin Books.

Srinivasa, S., D. Ferguson, C. Helfrich, D. Bernson, A. Coilet, R. Diankov, G. Gallagher, G. Hollinger, J. Kuffner, and M. Vande Weghe. 2010. Herb: A home exploring robotic butler. *Autonomous Robots Journal* 28:5–20.

State of Nevada. 2011. Assembly Bill No. 511. Section 8. Committee on Transportation.

Steinfeld, A., T. Fong, D. Kaber, M. Lewis, J. Scholtz, A. Schultz, and M. Goodrich. 2006. "Common Metrics for Human–Robot Interaction." In *Proceedings of Human–Robot Interaction*. Salt Lake City, UT.

A Swarm of Nano Quadrotors. 2012. http://www.youtube.com/watch ?v=YQIMGV5vtd4 (accessed January 31, 2012).

Turkle, Sherry. 2011. *Alone Together: Why We Expect More from Technology and Less from Each Other*. New York: Basic Books.

Walker, Matt. 2009. "Ant Mega-Colony Takes over World." *BBC Earth News*. July 1.

Wilber, B. M. 1972. "A Shakey Primer." Technical Report. Stanford Research Institute, Menlo Park, CA. November.

索 引